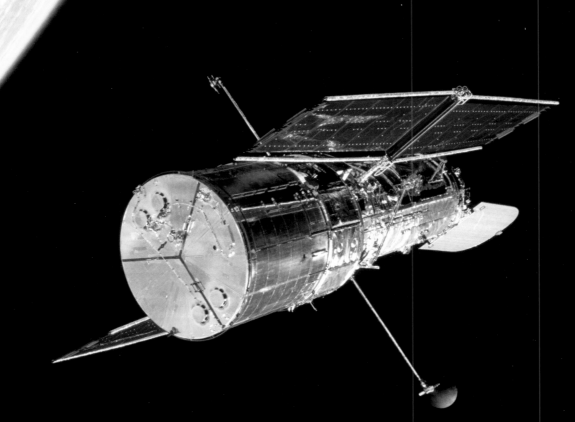

HUBBLE LEGACY

30 YEARS OF DISCOVERIES AND IMAGES

哈伯太空望遠鏡30年偉大探索與傳世影像

哈伯寶藏

HUBBLE LEGACY

30 YEARS OF DISCOVERIES AND IMAGES

哈伯太空望遠鏡30年偉大探索與傳世影像

哈伯寶藏

作者／吉姆・貝爾 Jim Bell

序言／約翰・格倫斯菲爾德 John M. Grunsfeld

翻譯／徐麗婷

Boulder Media 大石文化

哈伯寶藏
哈伯太空望遠鏡30年偉大探索與傳世影像

作　　者：吉姆・貝爾

序　　言：約翰・格倫斯菲爾德

翻　　譯：徐麗婷

主　　編：黃正綱

資深編輯：魏靖儀

美術編輯：吳立新

圖書版權：吳怡慧

發 行 人：熊曉鴿

總 編 輯：李永適

印務經理：蔡佩欣

發行經理：吳坤霖

圖書企畫：陳俞初

出 版 者：大石國際文化有限公司

地 址：新北市汐止區新台五路一段97號14樓之10

電 話：（02）2697-1600

傳 真：（02）8797-1736

印 刷：博創印藝文化事業有限公司

2021年（民110）12月初版

定價：新臺幣800元／港幣267元

本書正體中文版由Sterling Publishing Co., Inc.

授權大石國際文化有限公司出版

版權所有，翻印必究

ISBN：978-986-06934-3-0（精裝）

＊ 本書如有破損、缺頁、裝訂錯誤，請寄回本公司更換

總代理：大和書報圖書股份有限公司

地址：新北市新莊區五工五路2號

電話：（02）8990-2588

傳真：（02）2299-7900

國家圖書館出版品預行編目（CIP）資料

哈伯寶藏 - 哈伯太空望遠鏡30年偉大探索與傳世影像 ／吉
姆・貝爾 作；徐麗婷 翻譯. -- 初版. -- 新北市：大石國際文化,
民110.12　224頁；23.2 x 27.7公分
譯自：Hubble Legacy: 30 Years of Discoveries and Images.

ISBN 978-986-06934-3-0（精裝）
1.Hubble Space Telescope (Spacecraft) 2.太空探測 3.天文
望遠鏡

322.42　　　　　　　　　　110018221

僅以本書獻給數以萬計造就了哈伯太空望遠鏡的人士，他們為這部了不起的時光機器的構想、設計、建造、測試、升空、升級、維修、操作，讓它得以持續運作至今，做出了重大的貢獻。本書也獻給世界各地所有善用哈伯的發現來獲取新知的廣大天文學界人士。

吉姆・貝爾的其他著作

Asteroid Rendezvous: NEAR Shoemaker's Adventures at Eros

The Martian Surface: Composition, Mineralogy, and Physical Properties

Postcards from Mars: The First Photographer on the Red Planet

Mars 3-D: A Rover's-Eye View of the Red Planet

Moon 3-D: The Lunar Surface Comes to Life

The Space Book

The Interstellar Age

The Ultimate Interplanetary Travel Guide

The Earth Book

最末頁： 這幅由哈伯先進巡天相機（ACS）拍攝的壯麗影像是大麥哲倫星系內的一處恆星形成區，稱為N159；大麥哲倫星系是銀河系的一個衛星星系，距離我們約16萬光年。N159中熾熱的年輕恆星發出的強烈紫外光能量和恆星風，使周圍的氫氣發光，並形成細絲等形狀的結構，透過哈伯卓越的解像力得以呈現出來。

下頁： 這是哈伯ACS相機拍攝的NGC 3432假色照片，這個螺旋星系在天球上位於小獅座，距離約4500萬光年。光憑照片很難看出它是像銀河系這樣的螺旋星系，因為從我們的角度是正側向看過去，就像從側面看一個盤子。

「我看著這些星星，突然覺得自己的煩惱，還有地球上的芸芸眾生，全都微不足道。」

——H.G.威爾斯（H.G. Wells），《時光機器》（The Time Machine），1895

「你要擁抱混論，必須如此。這樣你才有可能感受到生命的驚奇。」

── 《扭轉時光機》，米高梅／聯美2010年電影

目錄

這是雪茄星系（Cigar galaxy，又稱為M82）的假色合成影像，藍色部分由錢卓X射線天文臺（Chandra X-ray Observatory）拍攝，藍色和綠色由哈伯太空望遠鏡拍攝，紅色則是由史匹哲太空望遠鏡拍攝。M82位於大熊座，距離地球約1200萬光年。

序言

約翰・格倫斯菲爾德（John M. Grunsfeld）博士
天文物理學家／太空人，外號「哈伯修理工」

幾千年來，人類一直仰望夜空，希望從星星的排列，以及月亮、行星與偶爾出現的彗星曲折的移動路徑中找到意義。現代文明並未改變我們對宇宙奧祕的熱愛，我們對宇宙本質的好奇心更是不減反增。我們知道宇宙誕生於138億年前的「大霹靂」（the Big Bang，又稱大爆炸），並不斷地膨脹成今日透過望遠鏡所見到的星系分布，有了望遠鏡，我們的視野得以擴展到遠遠超出祖先所能看到的範圍。所以我們知道宇宙中散布著黑洞、在夜空中看得見的恆星幾乎都有行星環繞。這些知識要歸功於天文學家，他們投入一生研究地面與太空望遠鏡取得的資料；同時也要歸功於那些以無比巧思建造天文臺的工程師和技術人員。哈伯太空望遠鏡就是這樣一座位於太空的天文臺，它在天文發現史上占有獨特的地位。哈伯望遠鏡所獲得新發現的廣度和深度，使得它可能是人類有史以來建造過最重要的科學儀器。我們慶祝1990年哈伯發射30週年之際，同時也在慶祝人類追求知識這趟不可思議的發現之旅。

哈伯太空望遠鏡的觀測結果有助於為古老的問題提供解答，例如：我們從哪裡來？物質、恆星、行星、星系，以及組成我們的化學元素是從哪裡來的？我們將會去哪裡？我們太陽系的未來軌跡是什麼？太陽的未來和我們宇宙中星系的命運是什麼？黑洞存在嗎？（是的！）鄰近的恆星周圍有行星嗎？（是的！）

然而，所有的這些科學議題在某方面與哈伯最重要的成就相比，都顯得黯然失色：哈伯拍攝的影像中，向我們展示的宇宙比我們想像的更豐富、更美麗。這本書中所呈現的這些如今已為人熟知的圖片，啟發了世界各地的人，振奮了我們的精神，也激發了我們的好奇心。

哈伯太空望遠鏡儘管帶來了許多奇蹟和讚嘆，但這輝煌的30年其實過得並不安穩。1990年，哈伯才剛由發現號太空梭送上太空就停擺了，而且幾乎沒人預期它會成功。因為這座指標性望遠鏡的2.4公尺主鏡（見第22頁）有一個製作上的小缺陷，導致第一次拍出來的影像模糊不清，天文學家擔心這項任務可能會近乎完全失敗。投入這架望遠鏡的金額高達數十億美元，公眾和美國國會對於哈伯竟然在光學系統上出問題感到困惑和憤怒。更糟糕的是，哈伯成為深夜電視節目上的笑柄和社論漫畫家的素材。但是，對所有人來說幸運的是，這不是故事的結束，而是一段奇妙旅程的開始，我們不僅拯救了望遠鏡，還將它的視野擴展到最初建造時無法想像的境界。

當時在NASA領導階層的支持下，傑出的哈伯設計師想到了望遠鏡的一項獨特優勢：利用太空梭將望遠鏡送入地球軌道的載運方式，能在後續的任務中由太空人為望遠鏡提供維修服務。這也開啟了公認最著名的太空梭任務之一——修理和維護哈

伯太空望遠鏡。1993年由奮進號太空梭執行的第一次維護任務，攜帶了新的儀器和校正光學組件，以「消除」主鏡的錯誤設計（見第22-23頁）。可以說當時NASA的未來、和往後載人太空計畫的存廢在此一舉。值得慶幸的是，儘管面臨許多技術和人力的挑戰，這次任務還是非常成功。從1993至2009年期間，總共執行了五次哈伯任務，每一次都挑戰了所有相關的工程師、科學家、技術人員、管理人員和太空人的聰明才智和毅力。而我有幸參與了五次中的三次飛行任務，以太空漫步來升級和維修望遠鏡。

1997年，我奉派執行個人的第三次太空飛行任務，這也是哈伯的第三次維護任務。作為一名天文物理學家，這堪稱太空梭任務的「聖杯」。我們安排了創紀錄的六次太空漫步，要對幾個哈伯的觀測系統進行大整修，並且安裝一個新的高解析度相機。但是僅僅兩年後，哈伯再度給了我們新的挑戰。1999年，望遠鏡的陀螺儀有半數發生故障，哈伯的觀測工作很可能因此停擺。所以同年12月，我們搭乘發現號太空梭出發與哈伯會合，進行只有三次太空漫步的簡短救援任務。在那次任務中我們安裝了新的陀螺儀、新的電腦和其他設備，讓哈伯能維持運作。這也是我的第一次太空漫步，並有了與哈伯近距離接觸的機會。1999年耶誕夜，我有幸與我的搭檔史蒂文・史密斯（Steve Smith）進行最後一次太空漫步，然後在耶誕節當天釋放了望遠鏡，讓它繼續展開發現、探索和觀測太空的任務。我感覺一臺能順利運作的哈伯望遠鏡，真是一件送給全人類的大禮。

在那次成功的任務之後，我被任命為酬載指揮官，帶領2002年一次哥倫比亞號太空梭任務的太空漫步。這是原訂的第三次維護任務，只是中途因為陀螺儀故障而臨時安插了另一項維修任務。在這次任務中，我們為哈伯安裝了一款新型的高解析度數位相機：先進巡天相機（Advanced Camera for Surveys）。這臺卓越的相機日後拍攝到能夠證實宇宙正在加速膨脹的資料，進而使得亞當・瑞斯（Adam Riess）、布萊恩・施密特（Brian Schmidt）和索歐・珀爾馬特（Saul Perlmutter）獲得了2011年諾貝爾物理獎。

然而，在哈伯能夠做出這項貢獻之前，我們必須先修復望遠鏡主要的電力控制器。如果修復不了，哈伯將永遠停止運作。但是像這樣的修復工作從來沒有實際在太空中執行過，要是沒做好，哈伯就會立刻失去效能。多虧了位於馬里蘭州的NASA戈達德太空飛行中心（Goddard Space Flight Center）工程師的高超才華與善用資源的能力，以及休士頓的NASA詹森太空中心（Johnson Space Center）了不起的太空漫步教練和操作員團隊，我們才得以實現幾乎不可能完成的任務，在第三次太空漫步時更換了故障的裝置。和我一起進行修復工作的太空漫步夥伴是專業獸醫師理

1993年12月，在第一次維護任務（SM-1）期間，NASA太空人史托瑞・馬斯格雷夫（Story Musgrave）固定在奮進號太空梭的機械手臂末端，準備對哈伯太空望遠鏡進行最初的修理和維護。

上：這個電力控制器是哈伯太空望遠鏡重要的核心，它是由太空人約翰‧格倫斯菲爾德和理查‧林納漢在維護任務3B（SM-3B）期間更新的。

右頁：在休士頓詹森太空中心的中性浮力實驗室中，NASA太空人在模擬零重力的哈伯太空望遠鏡模型裡進行SM-4任務演練。

查‧林納漢（Rick Linnehan）。哈伯再次度過危機，得以重返崗位。

　　不幸的是，2003年哥倫比亞號太空梭在成功完成一趟科學任務之後，於返回地球的途中失事。這對NASA、太空工程界和一般大眾都是沉重的打擊，同時也讓人懷疑最後的第五次哈伯維護任務是否能如期進行。執行哈伯任務時，並不像國際太空站任務一樣有機會停留在「避風港」中。終於，經過多次辯論之後，哈伯最後一次太空梭任務終於排入航班。我再一次領導太空漫步團隊進行五次艙外活動。這趟的太空梭指揮官史考特‧奧特曼（Scott Altman）和機械工程師麥克‧馬西米諾（Mike Massimino）都在先前的哈伯任務中和我共事過，另外還加入了首次執勤的太空人梅根‧麥克阿瑟（Megan McAr-thur）、安德魯‧費斯特（Drew Feustel，他是我這次任務中的太空漫步搭檔）、葛瑞格里‧強生（Greg Johnson）和麥克‧古德（Mike Good）。為了降低我們組員被困在太空中的風險，奮進號太空梭在第二發射臺上隨時待命，以防萬一我們需要救援。

　　我們這趟亞特蘭提斯號太空梭任務的目標頗為艱鉅，要安裝第三代廣域相機（Wide Field Camera-3）、新電池、一套完整的新陀螺儀，和一個新的精細導星感測器（Fine Guidance Sensor），同時還要修理故障的太空望遠鏡成像攝譜儀（Space

Telescope Imaging Spectrometer）和強大的先進巡天相機。這群由工程師、飛行控制員、技術人員、發射團隊和支援人員組成的團隊再次完美表現，達成了比原本設定更多的目標。2009年5月19日，我們把哈伯放回軌道時，哈伯進入了它太空生涯的最佳狀態，所有儀器都修理好了，也加裝了新的廣域相機，準備以完善的裝備揭開更多的宇宙奧祕。

當哈伯第一次被釋放到太空中時，很少人想像得到它會在軌道上持續運作30年。當初預估的望遠鏡壽命是15年。如果沒有維護任務，哈伯不可能達成它現在所實現的科學探索與發現。從缺陷鏡面的校正、到陀螺儀故障、相機損壞、電力系統故障等等，一次又一次在地球表面和太空中合力完成的修復工作都非常重要。作為太空史上最有膽識、技術最複雜的太空任務，哈伯的五次維護任務必將名留青史。

世界上有將近一半的人口，也就是30歲以下的人，根本不知道沒有哈伯太空望遠鏡的世界。當我們凝視哈伯拍攝的美妙影像時，我們不會記得早期的失望、困境或挑戰。我們欣賞的是哈伯所展示的宇宙之美。哈伯望遠鏡的未來雖然愈來愈不確定，但它的貢獻是非常明確的。本書接下來就要頌揚這些貢獻，也為這部曾經深深打動我們的望遠鏡獲得的新發現留下記錄。

右：2009年5月，亞特蘭提斯號太空梭已完成裝載和燃料填充，正在甘迺迪太空中心39A發射臺上準備升空。太空梭及七位太空人在當月成功完成了SM-4任務，這也是哈伯太空望遠鏡的最後一次太空梭維護任務。

下：一切順利！STS-109任務期間（2002年3月），格倫斯菲爾德在修護哈伯太空望遠鏡時，以手勢向哥倫比亞號太空梭內的組員表示他的第三次太空漫步很順利。

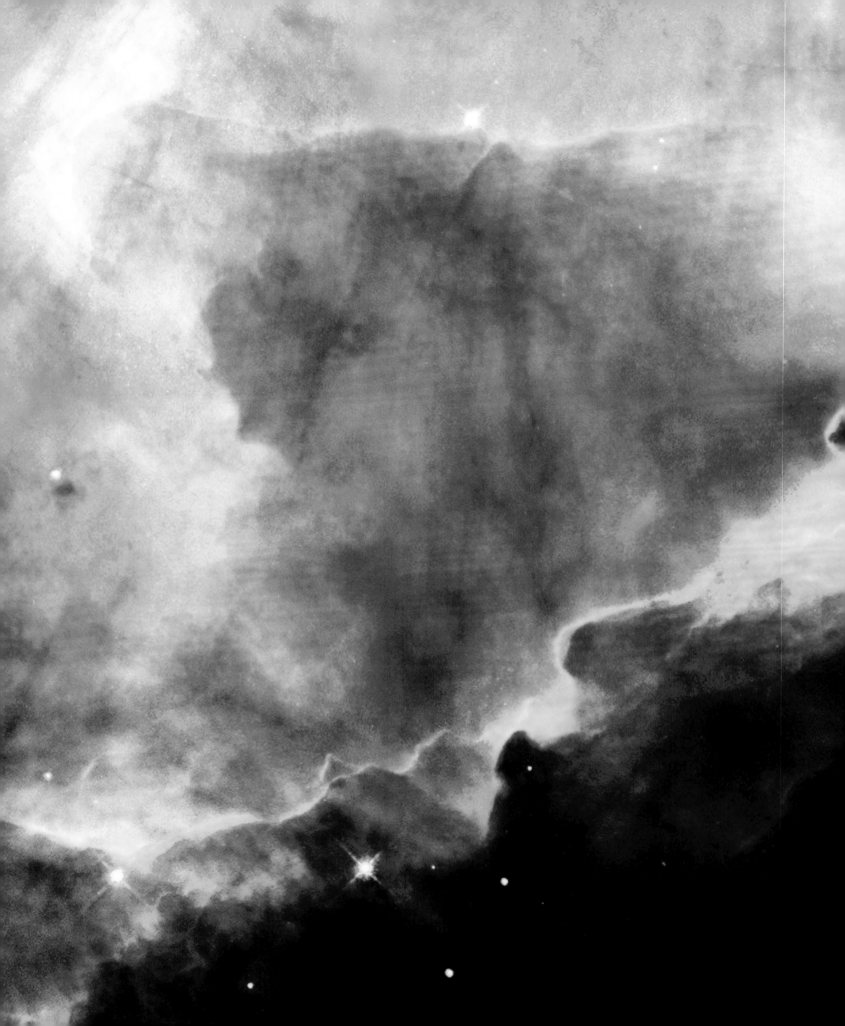

前言

想像你有一臺很特別的時光機，可以讓你看見非常遙遠的過去，只是你無法親自回到過去。聽很來很神奇，但是這個世界上其實有很多這樣的時光機器——我們稱之為「望遠鏡」。目前最強大、可以觀測到最遙遠過去的望遠鏡並不在地球上，而是繞行在距離地球表面約530公里高的軌道上。它就是哈伯太空望遠鏡（Hubble Space Telescope），有時我們就叫它「哈伯」，或是簡稱 HST。

哈伯望遠鏡在1970年代後期獲得了計畫資金，然而在此之前30多年，嚴謹的大型太空望遠鏡計畫就已經開始醞釀了。1940年代後期，由普林斯頓大學的天文與物理學家萊曼・史匹哲（Lyman Spitzer）所發表的一篇研究論文，是「太空望遠鏡」這個想法誕生的重要里程碑。史匹哲在論文中提到，如果我們能夠發射大型望遠鏡到地球大氣以外的太空中，那麼相較於地面望遠鏡，甚至是那些高山上的天文臺，太空望遠鏡將會有兩個明顯的優勢。

首先，同樣口徑的太空望遠鏡會比地面望遠鏡有更好的解析度，因為地面望遠鏡會受到地球大氣不斷「閃爍」的影響，造成聚焦效果變差而使影像模糊。這種閃爍現象天文學家稱之為「視相」（seeing），通常會導致地面望遠鏡無法得到理論上（沒有大氣影響的情況下）最佳的影像，即使在無雲的夜晚也是如此（當然在多雲的夜晚更是不可能得到任何影像）。太空望遠鏡的解析度則可以輕易地達到地面望遠鏡的十倍以上，只會受限於反射鏡或透鏡的物理條件，也就是史匹哲論文中所說光學系統的「繞射極限」（diffraction limit）。因為繞射極限直接與光學望遠鏡的口徑大小成正比，口徑愈大的太空望遠鏡，就會有愈好的解析度。

史匹哲論文中提到太空望遠鏡的第二個優勢是，它不會像地球大氣一樣把光譜中某些波段的光過濾掉。舉到來說，紫外線會大量地被大氣中的臭氧和其他氣體吸收，這對地球上的生物是有益處的。因為高能量的紫外線會快速破壞有機分子，所以如果大氣沒有過濾掉紫外線，生物將無法在地球上存活。但是，對於只能藉由紫外線來研究高能天文物理機制和事件的天文學家來說，大氣裡的臭氧就沒什麼幫助了。同樣地，天體的紅外線光譜中有很多原本可用來作為判讀指標的重要波段，也會被地球大氣中的水蒸氣、二氧化碳和其他氣體吸收，而無法到達地面望遠鏡。

然而，在太空中，天文學家可以研究宇宙中所有波段的光。

這是哈伯第二代廣域與行星相機（WFC2）拍攝的假色影像，圖中是射手座M17星雲（又稱奧米茄星雲或天鵝星雲，距離約5500光年）裡一小團由氣體和灰塵所組成的雲氣。

從理論到哈伯

從史匹哲的理論到實際在太空中操作望遠鏡，花了很長一段時間。有部分原因是因為技術上的問題還沒解決，另外也是因為大家（包括美國國會）都知道這個計畫將所費不貲。光是經費的考量，就讓很多天文學家站出來反對太空望遠鏡的構想，他們擔心這項計畫會吃掉所有（或大部分）聯邦政府投注在天文研究及相關儀器上的資金。

幸好在1960年代初期，當時新成立的美國國家航太總署（The National Aeronautics and Space Administration，簡稱NASA）提出的大型太空望遠鏡構想得到了美國國家科學院（National Academy of Sciences）背書；美國國家科學院是美國國會與總統在科學與技術研究政策上經常諮詢的單位。1960年代中期，NASA 與英國科學研究委員會（British Science Research Councils）已經發射並操作多個小型的太空望遠鏡，並且證明了觀測太陽與深空天體光譜中的紫外線波段（而不只是更高能的X射線和伽瑪射線），有很大的潛在科學價值。大約在這段時間，史匹哲本身擔任國家科學院一個委員會的主席，這個委員會正在探究大太空望遠鏡（Large Space Telescope，簡稱LST）的概念，口徑最大或許在3公尺左右。他不屈不撓地想要說服那些有疑慮的天文同事，雖然LST是一筆很大的投資，但潛在的科學回饋也可能十分巨大。NASA曾提出一個在1979年發射LST的計畫，由NASA的新型載人太空載具，也就是太空梭，來負責部署和偶爾的維護。

可惜在1970到1980年代初，NASA的資金遇到了問題。在成本高昂的阿波羅登月計畫成了國會和行政部門削減預算的箭靶之後，NASA的規模和預算雙雙縮減。1974年，國會把聯邦預算中LST計畫的經費全數刪除。天文學家發起了全國性的遊說和投書行動，連同國家科學院適時提出的一份報告，強調對太空望遠鏡的需要，幫忙讓經費恢復，但是僅達到預期水準的一半。因此，LST的設計者只得把望遠鏡的口徑從3公尺縮小到約2.4公尺，以降低成本。另一項節省資金的作法是與歐洲太空總署（European Space Agency，簡稱ESA）合作，ESA將提供太陽能板和望遠鏡上的一項儀器，交換條件是歐洲天文學家可獲得15%的望遠鏡觀測時間。在1978年終於展開望遠鏡以及運輸用太空梭的細部設計工作，預定發射時間是1983年。

設計、建造和測試如此複雜的機器，主要需要兩個NASA研究機構的統合經驗和專業知識：位於阿拉巴馬州亨次維（Huntsville）的馬歇爾太空飛行中心（Marshall Space Flight Center）負責建造望遠鏡本體；位於馬里蘭州格林貝爾特（Greenbelt）的戈達德太空飛行中心（Goddard Space Flight Center）負責儀器和地面控制中心。航太巨頭洛克希德（Lockheed）公司負責建造太空梭，並將望遠鏡整合進去。馬歇爾把望遠鏡的鏡面製造工作轉包給珀金埃爾默（Perkin Elmer）光學公司，他們在康乃狄克州的丹柏立（Danbury）設有鏡面研磨的工廠。

事實證明這些任務在技術上是很艱難的，在鏡面製造和太空梭組裝與測試的過

程中都發生了延誤和成本超支。由於必須解決不斷出現的問題，NASA持續地推遲發射日期，從1984年、1985年，最後是1986年。與此同時，NASA決定以美國天文學家愛德溫‧哈伯（Edwin P. Hubble，1889-1953年）來命名這架望遠鏡，他是在1920年代末期到1930年代初期發現銀河系外星系的重要科學家。透過觀察那些遙遠星系的運動，哈伯也是最早發現宇宙正在膨脹的科學家之一，並且以此推論（若時光倒流）宇宙一定是數十億年前在一次難以想像的物質與能量大爆炸中產生——我們現在通稱此事件為大霹靂。

哈伯夢想成真

根據NASA的說法，哈伯太空望遠鏡的正式目標是「收集天體的光線，使科學家得以更了解我們身處的宇宙」。這個總體目標中的一個關鍵點是，望遠鏡不僅可以測量光譜中的可見光，還可以觀測到紫外線（由於地球大氣層的屏蔽，地面望遠鏡不可能觀測到紫外線）。更具體地說，這個望遠鏡將能以極高的解析度來觀測由行星、衛星、小行星、彗星、恆星、星雲、星系和早期宇宙發出的光，並從中獲得新發現。說起來，或許哈伯最重要的目標，就是準確地測量宇宙的年齡，並以精細得多的觀測結果來測定遙遠星系的膨脹率，延續當年哈伯的研究成果。

哈伯的發射日期改到1986年末之後，整件事看起來終於要開花結果，但那年1月，挑戰者號太空梭在發射後不久爆炸，這個慘劇導致整個太空梭機隊停飛。已經接近完工的哈伯只得先封存以等待發射，一封就超過三年，最後終於在1990年4月24日，由發現號太空梭送上太空。這個計畫花了十多年才走到這一步，成本從最初的4億美元爆增到47億美元以上。儘管如此，天文學家還是滿心期待這架歷史性的望遠鏡可能帶來的新發現。

然而，當他們發現望遠鏡嚴重失焦時，期待的心情很快變成失望。HST拍攝的第一張恆星和星系影像，理當無比清晰，充滿驚人的細節；結果卻是嚴重失焦，模糊不已，解析度看來比原本設計時預期的要低十倍，而且也沒比當時的地面望遠鏡好上多少。這既是一場工程災難，也是一場公關災難。隨後的調查顯示，是主鏡的形狀出了問題——雖然製作得極其精細，但也錯得離譜。HST的主鏡被磨得太平了，差了大約2.2微米，相當於一根頭髮直徑的五十分之一。雖然聽起來好像沒什麼，但對於這麼大的望遠鏡來說，這種效應（稱為球面像差）是很巨大的，會讓儀器無法聚焦。最終，調查人員確認罪魁禍首是一個用來確認鏡面形狀是否正確的設備有瑕疵。這也代表珀金埃爾默光學公司和NASA在管理和監督流程上有疏失，經歷了這麼多年的製造和測試，竟然還會出現這麼大的錯誤。

幸好這面主鏡錯得極其完美，表面平滑到只有幾百個原子大小的高低差。因此，可以設計出一副矯正眼鏡來修正望遠鏡的對焦，就像近視或遠視眼鏡一樣。不

久這個用來修正球面像差的新儀器就交由波爾航太公司（Ball Aerospace）設計，名稱為「太空望遠鏡光軸補償校正光學」（Corrective Optics Space Telescope Axial Replacement），簡稱COSTAR（見第39頁）。由於哈伯在低地球軌道上運行，這是太空梭能夠前往維修的高度，因此NASA得以在1993年12月發射COSTAR，進行為期十天的奮進號太空梭任務。這個任務稱為「第一次維護任務」（Servicing Mission 1），簡稱SM-1。隨後的測試顯示了修復任務執行得非常成功：影像變得如預期清晰，HST總算達到了最初設計的靈敏度和解析度。

太空中的色彩：哈伯的運作方式

蟹狀星雲

哈伯太空望遠鏡上的相機可以拍出美妙的彩色照片，但大部分照片都不是「真色」（即肉眼看到的顏色），而是由光譜上肉眼不可見的顏色組成，再以肉眼可見的「假色」輸出。本頁的例子就是著名的蟹狀星雲充滿戲劇效果假色合成影像；蟹狀星雲是公元1054年因附近一顆大質量恆星爆炸而散落的遺骸（見第109頁）。這張照片是先把地面和太空望遠鏡分別拍攝到的不同電磁波段影像（見右頁上方的個別照片），重新定義成給肉眼看的紅色、綠色和藍色，再合成為假色影像。光譜上不同的波段分別透露出星雲中不同部位的訊息：電波影像（VLA）顯示出磁場分布；紅外線影像（史匹哲太空望遠鏡）穿透充滿塵埃的區域，描繪出埋藏在最深處的天體結構；可見光影像（哈伯）拍攝出星雲中氫氣的分布圖；紫外線影像（Astro-1太空望遠鏡）描繪出較冷、能量較低的電子分布；而X射線影像（錢卓太空望遠鏡）則顯示出螃蟹中心快速旋轉的脈衝星所噴出的熾熱電子。

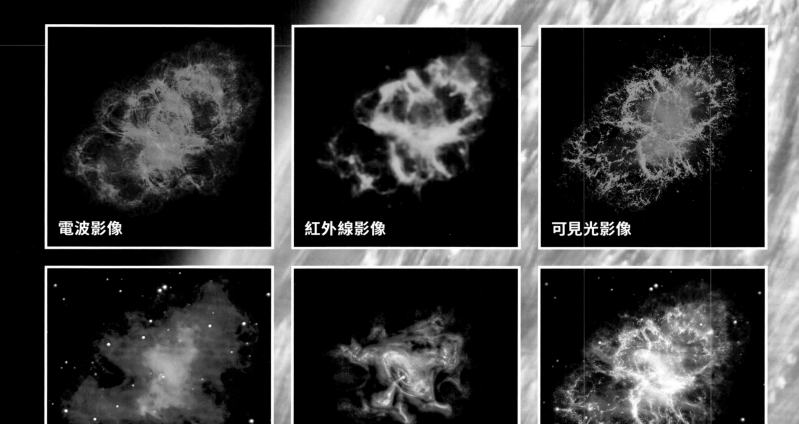

電波影像

紅外線影像

可見光影像

紫外線影像

X射線影像

疊圖後影像

哈伯儀器簡史

哈伯到目前為止超過30年的生命中，包括COSTAR在內，用過十幾種不同的儀器創造出驚人的科學成果。
以下是哈伯最初發射時配備的五種儀器：

1. 由NASA噴射推進實驗室（Jet Propulsion Laboratory，簡稱JPL）製造、同時具備廣角視野和更高解析度的廣域和行星相機（Wide Field and Planetary Camera，簡稱WFPC）。

2. 另一臺相機是由ESA出資的暗天體相機（Faint Object Camera，簡稱FOC），有極高的靈敏度可觀測最暗、最遠的天體。

3. NASA的戈達德太空飛行中心（Goddard Space Flight Center）製作的光譜儀，稱為戈達德高解析攝譜儀（Goddard High Resolution Spectrograph，簡稱GHRS）。

4. 加州大學聖地亞哥分校製作的光譜儀，稱為暗天體攝譜儀（Faint Object Spectrograph，簡稱FOS）。

5. 威斯康辛大學製造的高速光度計（High Speed Photometer，簡稱HSP），用來研究在超新星爆炸和其他天文物理事件中快速改變的光度變化。

哈伯的這五臺儀器，經過五次的太空梭維護任務之後，最後全部都被更先進、功能更強大的版本所取代（見第43頁「哈伯維護任務」）。

哈伯的貢獻

說哈伯太空望遠鏡徹底改革了現代天文科學一點也不誇張。哈伯讓研究人員能夠非常精確地計算宇宙的膨脹率，告訴我們大霹靂極有可能發生在137.99億年前（正負誤差僅約2000萬年！）。哈伯收集了有研究以來最暗、最遙遠天體的光，提供了解星系起源與演化所需的關鍵資料，這些資料可以追溯到宇宙早期生成的第一批星系。在哈伯30年的歷史中，還有其他大量的科學發現和無與倫比的畫面：第一張系外行星繞行另一顆恆星的可見光影像；第一個、也是迄今最能準確證實暗物質存在的測量結果；捕捉到恆星的誕生與死亡的細緻壯麗圖像；發現超大質量黑洞在宇宙中是很常見的天體；令人震驚地看見撞擊事件所能釋放的巨大能量，例如1994年舒梅克－李維9號彗星與木星的碰撞（見第58-59頁）；發現和分析新的太陽系衛星、行星環、小行星和彗星，以及其他不勝枚舉的例子。上述以及其他許多能描述哈伯成就的重要發現，都在本書的章節中有重點介紹。

我們也可以不誇張地說，哈伯的另一項重要貢獻就是實踐它的公眾責任：讓天文學和太空科學可以重新普及，並增進大眾的參與度。每年有數百萬人造訪太空望遠鏡科學研究所（Space Telescope Science Institute，縮寫為STScI）的網站，並下載大量精采的高解析照片、海報和螢幕保護程式。每年哈伯的分析資料都會以搶眼的位置，在數十種NASA和ESA的新聞平臺上發表，這些報導再被數以百計的傳統和網路媒體相中並散播。好萊塢和國際間的電視及電影藝術家——尤其是科幻小說類型——經常使用哈伯的照片作為情境和背景。據我的經驗，每當太空或夜空中發生什麼有趣的事，大部分人都自然而然以為和哈伯太空望遠鏡有關。經過艱難的孕育期和麻煩的青少年時期之後，哈伯總算是功成名就。由於它英雄般的形象已經深植於我們的集體文化和精神之中，我相信不僅僅是在美國和歐洲，對於全世界的數十億人來說，哈伯也成了他們的望遠鏡。

哈伯是NASA在1990年至2003年間發射到太空的四座「大天文臺」之一，也是唯一專門設計主要以紫外線和可見光波長來觀察宇宙的天文臺。其他三個大天文臺分別是：康普頓伽瑪射線天文臺（Compton Gamma Ray Observatory）於1991年由亞特蘭提斯號太空梭發射升空，用來探測高能天文物理事件和過程；錢卓X射線天文臺於1999年由哥倫比亞號太空梭發射升空，用來研究能量稍低的天體；史匹哲太空望遠鏡於2003年由三角洲2號（Delta II）運載火箭發射升空，目的是最佳化紅外線（熱）輻射的研究。依照哈伯的命名模式，NASA會以一位有成就的天文學家、同時也是宇宙研究先驅的名字，來為每座具有獨特觀測波段的天文臺命名。而紅外線太空望遠鏡以萊曼・史匹哲為名，也是感謝他為了籌措美國和國際政府的投資而長期奔走，進而促成了這些深具歷史意義的非凡天文臺，以及它們所帶來的可觀科學進展。

到了2020年代的某個時刻，哈伯望遠鏡可能停止運轉，會依照已經計畫好的「在控制下帶離軌道」方式進入地球大氣層燒毀。然而哈伯的遺產將繼續留

存很長時間，包括大量的影像和資料，將由STScI經驗豐富且敬業的科學和工程人員進行資料處理並永久存檔。哈伯驚人的影像和資料已經幫助我們徹底改變了對宇宙的認識，當我們對資料進行更深入的分析之後，可能還有更多新發現等著我們。此外，STScI和世界上其他類似的研究中心所獲得的經驗，也教會了我們如何操作和「駕駛」太空中的大型望遠鏡。那些負責設計、建造、操作哈伯太空望遠鏡，以及利用這部驚人的時光機器獲取新發現的專家，他們積累的經驗和專業知識，也將在未來幾十年成為下一代天文學家和不可思議的新太空天文臺的引路人。

在這張哈伯WFPC2拍攝的照片中，有一個由很多熾熱的藍色恆星構成、近乎完美的環狀結構，中央是一個黃色核心，這個不尋常的星系是PGC 54559，又稱為霍格天體（Hoag's Object）。

工程與歷史

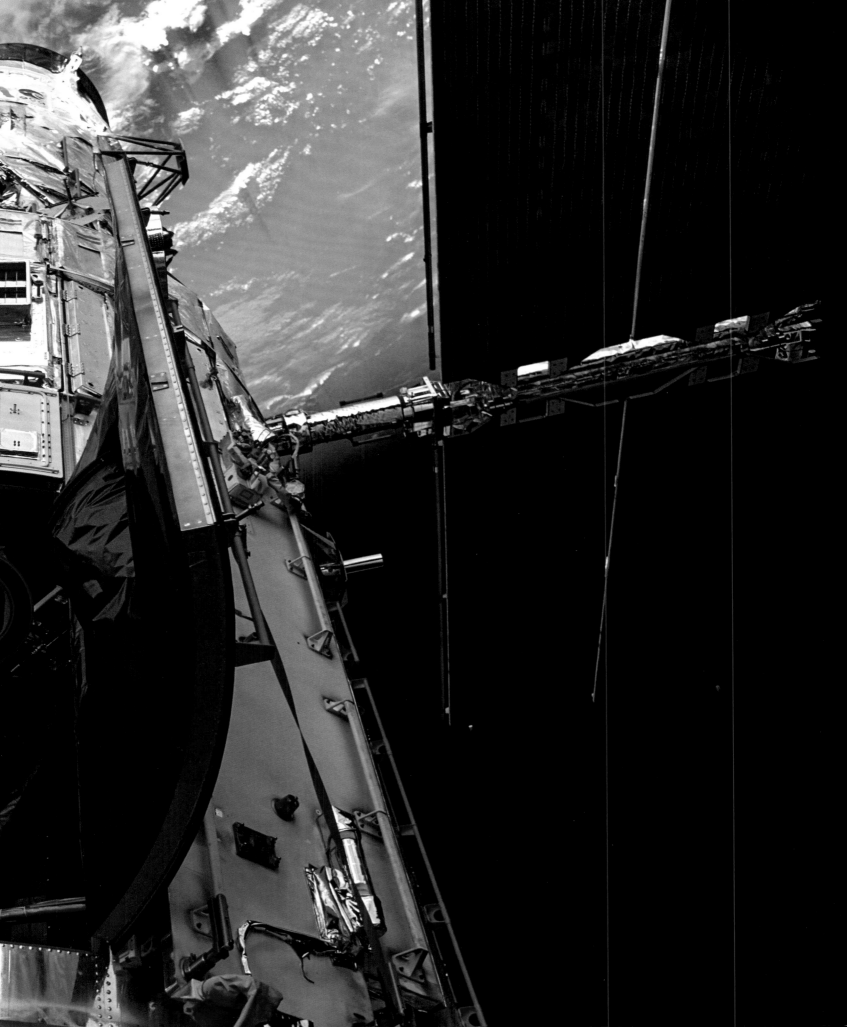

現代時光機

1990-2020

第28-29頁：2009年5月，在亞特蘭提斯號太空梭的第五次維護服務任務（SM-4）中，NASA的哈伯維修太空人麥克·古德（於前景站在太空梭的機械臂上）正在幫太空人麥克·馬西米諾（在哈伯內）準備更換望遠鏡的幾套高靈敏度儀器。

下、右頁：(a)工程圖顯示哈伯太空望遠鏡主要的掛載組件細節；(b)哈伯太空船主要組件和子系統的分解圖。

為什麼要把望遠鏡放在太空中？建在固定的地面上，例如在遠離城市燈光的高山頂上，不是更容易嗎？世界上最大的望遠鏡比哈伯太空望遠鏡大很多倍。這麼「小」的望遠鏡怎麼可能有競爭力？自從1940年代首次認真考慮太空望遠鏡的想法以來，這些都是必須回答的好問題。這些問題也在哈伯30年的歷史中，持續推動它的修復、維護和升級需求。

過去30年間，地面望遠鏡的口徑不斷加大，也獲得了驚人的天文發現，然而哈伯已經占據了幾個特殊的「小眾市場」，並且證明它的持續觀測是有必要性的。例如，地表上沒有任何望遠鏡可以觀測到宇宙中的紫外線輻射，因此我們無法了解大量的高能行星和天文物理機制，因為這些能量只能在光譜的紫外線波段中被偵測並研究。另外，哈伯在遠離地球大氣閃爍干擾的上方觀察宇宙，與口徑五倍大的地面望遠鏡相比，哈伯可以拍攝到的影像解析度是十倍以上，且穩定清晰。

a

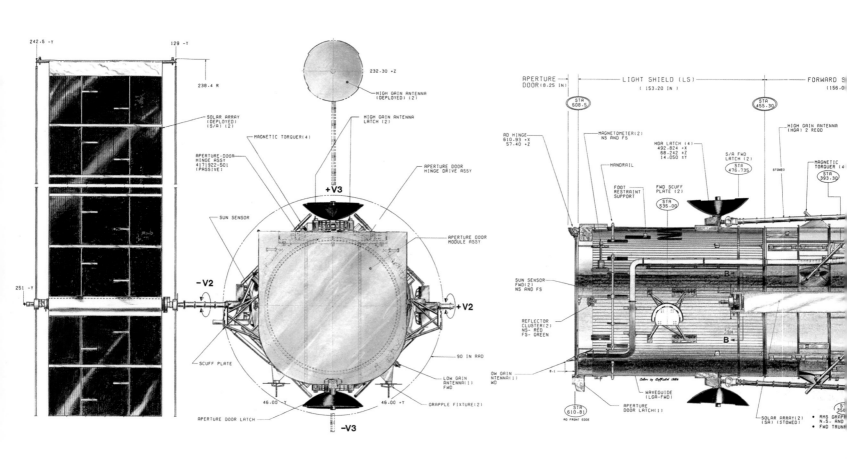

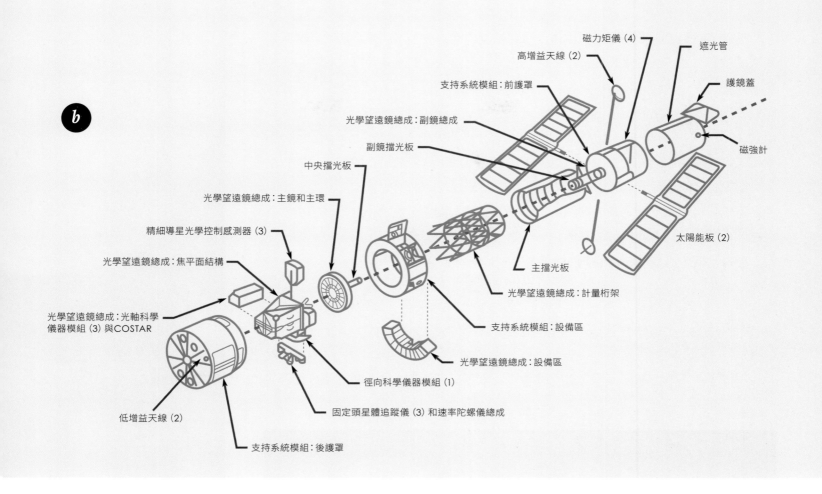

磁力矩儀（4）

高增益天線（2）

支持系統模組：前護罩

遮光管

護鏡蓋

光學望遠鏡總成：副鏡總成

副鏡擋光板

磁強計

中央擋光板

光學望遠鏡總成：主鏡和主環

精細導星光學控制感測器（3）

光學望遠鏡總成：焦平面結構

光學望遠鏡總成：光軸科學
儀器模組（3）與COSTAR

主擋光板

太陽能板（2）

光學望遠鏡總成：計量桁架

支持系統模組：設備區

光學望遠鏡總成：設備區

低增益天線（2）

徑向科學儀器模組（1）

固定頭星體追蹤儀（3）和速率陀螺儀總成

支持系統模組：後護罩

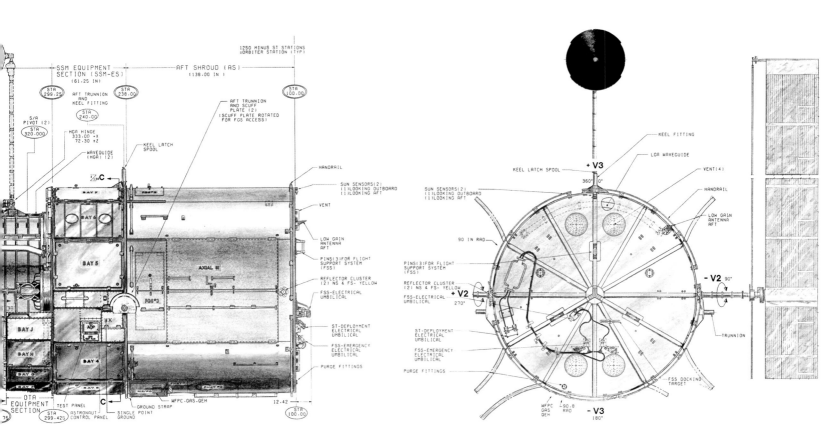

然而，哈伯最重要的利器（也是已受到驗證的能力），或許是它能比其他人類建造的機器看到更久遠以前的時空。因為光速是有限的，就定義而言，眺望太空意味著回顧過去（例如，我們看到的太陽光是8.5分鐘以前從太陽發射出來的；距離太陽最近的比鄰星發出的光是它4.2年前看起來的樣子；而我們現在看到的仙女座星系是它200多萬年前的樣子）。因為哈伯能盯著某一小塊天空連續觀察幾天或幾週，不受雲、霧靄或城市燈光的干擾，所以能帶我們看見數十億年前星系的樣子，回到宇宙可能只有幾億年歷史、而且比現在小得多的時空。

　　當然，哈伯太空望遠鏡能夠例行性地研究行星、恆星、星系和其他在宇宙最初幾億年生成的天體，我們就能利用它來紀錄整個宇宙的起源和演化編年史。如果你有一臺時光機，這不是你會用來做的事嗎？

下：哈伯一部分是望遠鏡，一部分是太空船。這張電腦繪製視圖顯示了這架NASA最著名大型太空望遠鏡裡的許多組件和子系統。

右：從亞特蘭提斯號太空梭內部看哈伯太陽能板的背面（在下方窗外）。2009年5月第五次維護任務（SM-4）期間，望遠鏡被放置在太空梭的貨艙中，讓太空人進行維修和升級作業。

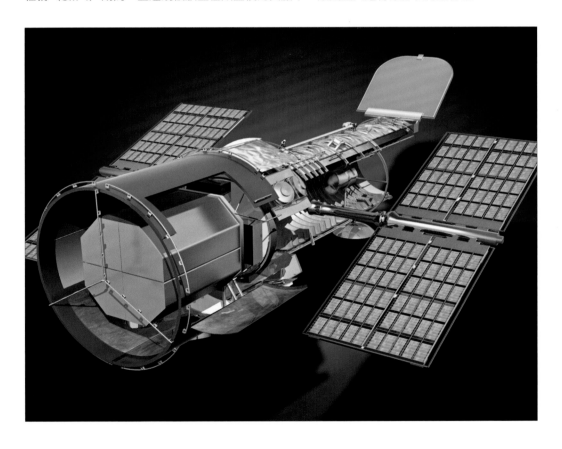

發射與部署

1990年4月

哈伯太空望遠鏡設計成由NASA太空梭發射和維護，因此望遠鏡主鏡的最大尺寸必須遷就太空梭貨艙的寬度，望遠鏡必須先裝進貨艙，再送入太空。從望遠鏡開始建造到發射升空歷經了12年多，中間遇到太空梭計畫停擺（因為挑戰者號在1986年發生爆炸事故）又恢復，終於在1990年4月24日，由火箭發射到地球上空612公里的軌道上。STS-31太空梭任務（實際上是太空梭第35次發射）的五人小組由空軍上校羅倫·施萊佛（Loren Shriver）指揮，海軍陸戰隊少將查爾斯·博登（Charles Bolden, Jr.）擔任駕駛，博登後來在2009年至2017年間擔任NASA的署長。1990年的發射任務創下迄今太空梭所達到的最高軌道高度。

一旦太空梭達到計畫中的高度（這個高度可以避開大部分地球大氣造成的摩擦，使得望遠鏡壽命達到極大值），任務專家布魯斯·麥坎利斯（Bruce McCandless，海軍軍官和飛行員）、史蒂文·霍利（Steven Hawley，天文學家）和凱瑟琳·沙利文（Kathleen Sullivan，地質學家和海軍後備海洋學官員）就開始著手把哈伯從太空梭上解開。這工作需要使用太空梭上的加拿大機械手臂（Canadarm）來進行棘手的操作動作，讓哈伯從貨艙中釋放出來。有一次哈伯的太陽能板在展開的時候卡住了，迫使麥坎利斯和沙利文穿上太空衣，為可能的艙外活動（EVA，即太空漫步）作準備。不過最後是地面控制人員把面板展開了，避免了具有潛在危險的EVA。

部署哈伯望遠鏡是太空梭的主要任務，但它也搭載了幾個次要的儀器，並且在成功釋放望遠鏡之後進行了其他的實驗。其中兩個額外的儀器包括一臺超高解析度的IMAX攝影機，紀錄壯觀的哈伯部署工作來作為電影畫面，其中大部分的片段出現在1994年的電影《太空任務》（Destiny in Space）中。發現號在為期五天的任務中繞了地球80圈（這是發現號第十次上太空），然後於1990年4月29日安全降落在加州愛德華空軍基地。

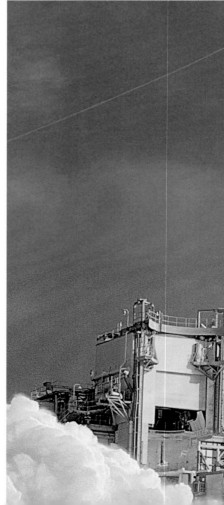

右：發現號太空梭於1990年4月24日發射，將哈伯太空望遠鏡送上地球軌道。

嵌入圖：發現號太空梭太空人史蒂文·霍利、凱瑟琳·沙利文、布魯斯·麥坎利斯、查爾斯·博登，和羅倫·施萊佛（左起）在NASA休士頓詹森太空中心合影，前方是哈伯模型，他們將在一個月後上太空進行部署。

這是1990年4月25日太空人
剛把望遠鏡從太空梭貨艙中
釋出的那一刻拍下的IMAX
照片，哈伯的護鏡蓋映照出
下方地球的海洋和雲層。

幫哈伯戴上眼鏡

1993年12月

讓NASA和全球天文學界震驚又沮喪的是，哈伯太空望遠鏡口徑2.4公尺的主鏡有一個重大的工程瑕疵——研磨的形狀錯誤，因而無法準確聚焦。1990年這臺新望遠鏡傳回來的第一批影像，竟是模糊不清的恆星和星系。雖然因為處在太空平臺上，望遠鏡仍然可以做一些有用的科學工作，但是哈伯失焦的事實是一個重大的工程失誤，也是NASA的公關噩夢。

好在鏡子雖然磨錯了形狀，但品質非常完美。這表示要設計一個校正透鏡來把影像重置到正確的焦點上是很容易的。1993年底，在NASA的第一次維護任務（Servicing Mission 1，簡稱SM-1）中，奮進號太空梭的機組員為哈伯戴上了「眼鏡」。他們把其中一套原本搭載的儀

器更換為COSTAR，使得望遠鏡的反射鏡和鏡頭最終能夠聚焦。這臺稱為COSTAR的儀器，就是工程師花了幾年的時間設計與製造的太空望遠鏡光軸補償校正光學（Corrective Optics Space Telescope Axial Replacement）。

奮進號於1993年12月2日升空，太空梭上搭載了COSTAR和另一臺替換儀器：第二代廣域與行星相機（Wide Field/ Planetary Camera 2，簡稱WFPC2，念作wiff-pick 2）。奮進號上有七名太空人機組員，包括指揮官理查・柯維（Richard Covey）、駕駛員肯尼斯・鮑爾索克斯（Kenneth Bowersox），和四名任務專家：湯馬斯・阿克斯（Thomas Akers）、傑佛瑞・霍夫曼（Jeffrey Hoffman）、史托瑞・馬斯格雷夫（Story Musgrave）、凱瑟琳・桑頓（Kathryn Thornton）。他們以兩人為一組交替著進行連續五次的太空漫步，以安裝COSTAR和WFPC2，並維護哈伯的其他幾個重要系統。最後一位是克勞德・尼可利爾（Claude Nicollier），他是ESA的第一位瑞士籍太空人，負責控制太空梭的機械手臂。

這次任務非常成功。全新的COSTAR系統拍攝的影像，終於達到了望遠鏡最初設計時期望的解析度和清晰度。將哈伯望遠鏡部署在較靠近地球的軌道上（而不是更遠更暗的位置），這個決定代表太空梭機組員隨時可以為它提供救援。現在，全世界第一臺大型太空望遠鏡的所有功能全部上線，準備進行偉大的科學研究了。

上：1993年12月6日，在奮進號太空梭STS-61任務期間，太空人凱瑟琳・桑頓和湯馬斯・阿克斯在第三次太空漫步中卸出COSTAR，準備安裝在哈伯太空望遠鏡上。上方的桑頓拿著COSTAR，阿克斯在下方工作。

左頁：位於后髮座的螺旋星系M-100，分別是哈伯太空望遠鏡在1990年（左上）和1993年安裝COSTAR之後（右下）的拍攝成果。

紅外線之眼

1997年2月

發現號太空梭第22次飛上太空，載著七名太空人前往哈伯太空望遠鏡執行NASA的第二次維護任務（即SM-2），這是自1990年發射之後，太空梭首次返回哈伯。這時哈伯已將近七歲，因為惡劣的太空環境，望遠鏡上的許多電子設備和系統開始出現耗損的跡象。此外，成像和光譜技術（將光分成各種顏色組成，就像通過棱鏡一樣）的進步，使得多部最初裝置的儀器有更靈敏、功能更強大的新儀器可取代。這些新儀器可讓哈伯望遠鏡探測到更暗的天體（看到更久遠的過去），並且更準確地測定宇宙的組成。

發現號STS-82任務的機組員由肯尼斯・鮑爾索克斯（這是他第二次前往哈伯）指揮，史考特・霍洛維茲（Scott Horowitz）擔任駕駛。還有四名任務專家：葛瑞格里・哈博（Gregory Harbaugh）、馬克・李（Mark Lee）、史蒂文・史密斯（Steven Smith）和約瑟夫・唐納（Joseph Tanner），分別以二人一組輪流執行四項太空漫步作業，安裝近紅外線相機和多目標分光儀（Near-Infrared Camera and Multi-Object Spectrograph，簡稱NICMOS），以及太空望遠鏡成像攝譜儀（Space Telescope Imag-

上：1997年2月的STS-82任務期間，發現號太空梭太空人約瑟夫・唐納（前景）和葛瑞格里・哈博（背景）把加拿大臂當成「升降臺」，更換哈伯電子儀器和設備系統的重要組件。

右：1997年2月第二次維護任務（SM-2）結束時，哈伯從發現號太空梭的貨艙釋放出來後，自由漂浮在地球上空約540公里處。

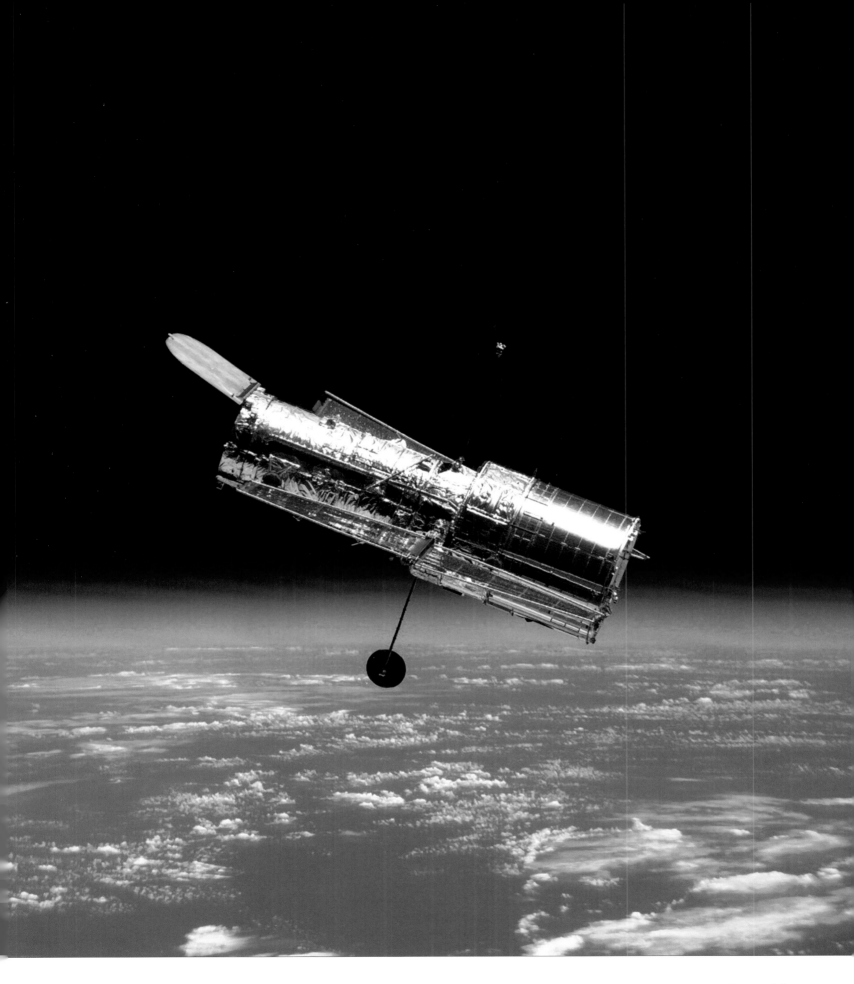

哈伯的維護任務（Hubble Servicing Mission，SMs）

第一次維護任務（SM-1） • 1993年12月2-13日：

把HSP更換成COSTAR，還有把WFPC更換成由噴射推進實驗室（JPL）設計的更高解析度相機（即WFPC2）。

第二次維護任務（SM-2） • 1997 年 2 月 11-21 日：

發現號太空梭的機組人員把舊的GHRS換成新的GSFC光譜儀，稱為太空望遠鏡成像攝譜儀（STIS）；並以近紅外線相機和多目標分光儀（簡稱NICMOS，由亞利桑那大學設計）取代FOS。升級這些儀器使得哈伯擁有更強大的成像能力，並將望遠鏡的高靈敏度範圍延伸到紅外線波段。

第三次維護任務（SM-3A） • 1999 年12月19-27日：

發現號太空梭的機組人員更換了哈伯的老舊陀螺儀，並安裝了一臺速度更快的新電腦。

第四次維護任務（SM-3B） • 2002年3月1-12 日：

哥倫比亞號太空梭的機組人員安裝了ACS（Advanced Camera for Surveys，由約翰霍普金斯大學領導設計）。ACS使用三個獨立的感測器來偵測光譜中從紫外線到近紅外線的影像，靈敏度是哈伯之前相機的十倍以上，能夠拍攝到極昏暗的天體。

第五次維護任務（SM-4） • 2009年5月11-24日：

哈伯的最後一次維護任務由亞特蘭提斯號太空梭的機組人員執行，作業項目包括更換和升級電池和電腦等老舊系統，以及安裝兩種新的儀器：由噴氣推進實驗室設計的WFC3（以改良後的功能取代之前的WFPC2）和科羅拉多大學設計的宇宙起源攝譜儀（COS），並把COSTAR更換成新的校正透鏡系統。作為望遠鏡的最後一個維修任務，SM-4的目標在於盡可能延長哈伯的運作時間，希望讓NASA在建造和測試詹姆斯・韋伯太空望遠鏡（即JWST；見190頁）這段時間能繼續進行觀測工作。

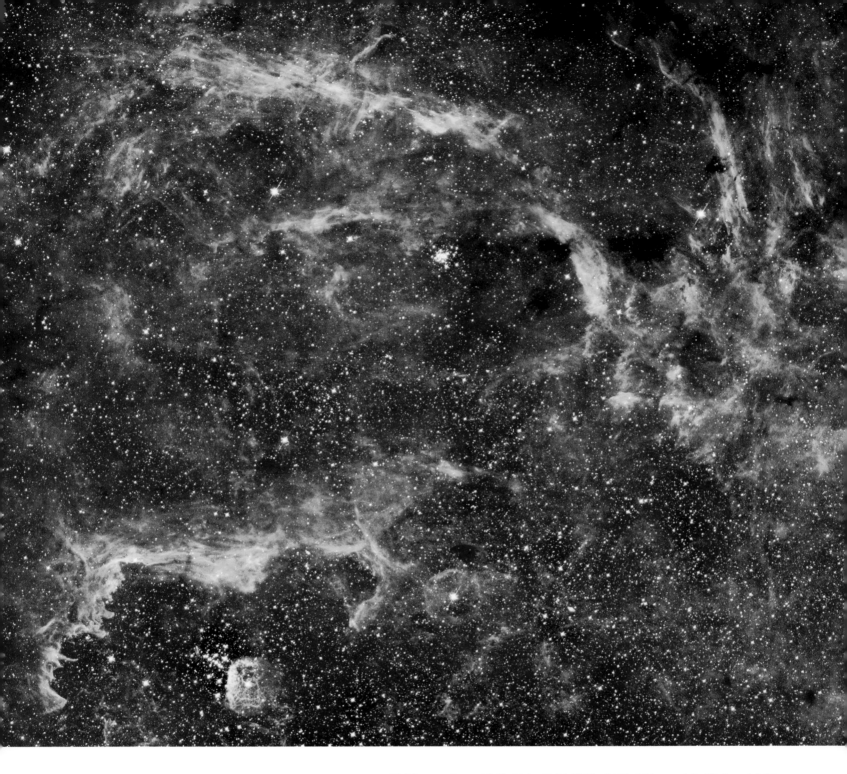

ing Spectrograph，簡稱STIS），並修理和升級其他重要系統。而史蒂文·霍利
（曾經參與1990年發現號部署望遠鏡的任務）則負責在太空梭內部操作加拿大臂。
機組員進行的主要維修和更換，是將故障的磁帶型資料存儲系統更換成現代電腦使
用的、容量更大的固態硬碟；另外是更換四個反應輪中的一個故障輪子，它的作用
是幫助望遠鏡維持指向，對準所要觀測的遙遠天體。

　　太空人哈博和唐納在第二次太空漫步時注意到，哈伯的隔熱層因為持續暴露在
強烈的陽光和太空輻射下，正逐漸破裂和磨損。由於組員從地球帶來了額外的隔熱

材料，於是太空人李和史密斯被派去進行計畫之外的第五次太空漫步，以更換重要電子設備和儀器周圍的隔熱材料，希望能延長這些系統的使用壽命。

　　哈伯從初次上線以來，繞行軌道就愈來愈靠近地球，組員也藉此機會利用發現號推進器來推升哈伯的軌道，因為像哈伯這樣的軌道衛星會因為大氣摩擦而慢慢喪失高度，這樣做可減少大氣摩擦，延長哈伯的壽命。在繞行地球將近150圈，花了超過33小時在太空梭外替哈伯修理和更換儀器配件之後，發現號機組員於1997年2月21日返回家園。

上：這是銀河系中央大質量恆星和熱游離氣體的假色照片，由 NICMOS相機（1997年在SM-2任務中安裝在哈伯望遠鏡上）拍攝的紅外線影像，與NASA史匹哲太空望遠鏡拍攝的另一組紅外線影像結合而成。

大腦移植

1999年12月

NASA本來安排將在2000年6月再訪哈伯太空望遠鏡，以進行下一次的「定期維護」。然而，在1997年至1999年間，望遠鏡的六個陀螺儀中有三個故障無法使用。望遠鏡瞄準觀測天體時，需要有陀螺儀來協助精準導引，提供指向能力。雖然哈伯望遠鏡運作時可以只用三臺陀螺儀，但要是再有一臺故障，望遠鏡就必須關閉，直到下一次維護任務登場為止。因此NASA決定採取積極作法，安排了第三次維護任務的首波行動（即SM-3A），盡快換掉故障的陀螺儀。

發現號太空梭於1999年12月20日升空，進行了第三次以哈伯為首要目標的任務，這也是發現號第27次上太空。編號STS-103任務的七人機組員包括指揮官柯蒂斯・布朗（Curtis Brown）、飛行員史考特・凱利（Scott Kelly），和五名任務專家，其中四位麥克・福爾（Michael Foale）、約翰・格倫斯菲爾德（John Grunsfeld）、克勞德・尼可利爾（Claude Nicollier）和史蒂文・史密斯（Steven Smith），在太空梭貨艙外輪流以兩人小組進行三次太空漫步；第五位任務專家尚・弗朗索瓦・克萊沃（Jean-François Clervoy）負責操作加拿大臂，來捕捉和控制望遠鏡，並協助其他太空人。這次任務的總太空漫步時數超過24小時。

太空人把哈伯的六個陀螺儀全都換成了新設計的版本，新版陀螺儀預計會比舊款有更長的壽命。此外，機組員更換了精細導星感測器（Fine Guidance Sensor，FGS）三個部件中的一個，FGS是一種用來使望遠鏡穩定指向觀測目標的偵測器，它透過天空中已經精準知道位置的特定導星網路，把系統鎖定在特定的天區。從某種意義上，FGS也可以說是一種科學儀器，因為它可以隨著時間監測恆星之間的相對運動，或是偵測到因為軌道行星的輕微重力拖曳效應而引起的恆星搖擺。

除了更換一些電子部件和望遠鏡外部的隔熱材料，STS-103任務太空人還為哈伯進行大腦移植，用一臺新電腦取代了1980年代的舊電腦，運算速度提升了20倍以上，記憶體容量也是原本的6倍以上。藉由更快的處理能力和更大的記憶體，升級後的哈伯能在每次觀測期間收集更多資料、執行更複雜的軟體來偵測或減緩儀器或望遠鏡的異常、並且明顯簡化了之前已證實對地面控制人員來說是一大負擔的資料處理工作。

左： 在1999年12月的SM-3A任務期間，哈伯維修太空人史蒂文・史密斯和約翰・格倫斯菲爾德在發現號太空梭的機械手臂末端進行作業，準備更換哈伯的陀螺儀。

電力之旅

2002年3月

第四次前往哈伯太空望遠鏡的太空梭任務，實際上是早已預定好的第三次維護任務。但是因為先前哈伯的三個陀螺儀故障，導致NASA於2000年6月提前執行了第三次維護任務（見第47頁），即SM-3A，因此這一次任務其實是第三次維護任務的第二波行動，即SM-3B，哥倫比亞號太空梭的機組員將執行其餘預定的定期維護工作。

哥倫比亞號於2002年3月1日從甘迺迪太空中心發射升空，機組員是七名太空人，指揮官是史考特·奧特曼（Scott Altman），飛行員是杜安·凱里（Duane Carey），另外還有五名任務專家，所有任務主要都是維護哈伯望遠鏡。根據前幾次任務建立的模式，SM-3B的任務專家現在已經駕輕就熟地由兩人一組輪班執行五次太空漫步：約翰·格倫斯菲爾德和理查·林納漢（Richard Linnehan）執行第一、三、五次，詹姆斯·紐曼（James Newman）和麥克·馬西米諾（Michael Massimino）執行第二和第四次。任務專家南希·柯里（Nancy Currie）則在哥倫比亞號內部操作加拿大臂。

在此任務期間，機組人員更換了哈伯老舊的太陽能板，和一個新的電力控制器，可提供比以往多30%的電力，因此能夠運作更長的時間，未來也能容納更強大的儀器。組員也換掉了暗天體相機（Faint Object Camera）——這是最後一臺哈伯在1990年配置的原始儀器。這臺功能更強大的新成像系統稱為先進巡天相機（ACS），是哈伯性能的重大提升，提供了三個可偵測從紫外線到近紅外線波段的獨立感測器。ACS的靈敏度是之前儀器的十倍以上，能偵測到過去無法偵測到的天體，例如在早期宇宙中形成的星系。哈伯透過壯觀的長時間曝光影像，例如哈伯超深空（Hubble Ultra Deep Field，見第200頁），展示了新感光能力的強大。透過升級成ACS，哈伯望遠鏡的觀測範圍得以延伸到更久遠的時空，也再次地徹底改變望遠鏡的科學潛能。

太空人在近36小時的太空漫步中還進行了另一項工作，就是讓近紅外線相機和多目標分光儀（NICMOS）復活。最初NICMOS安裝於1997年的SM-2任務期間，利用固態氮將它的偵測器冷卻至絕對溫度約60度，使它能夠觀測紅外線（熱）能量。但是氮隨著時間慢慢蒸發，使得NICMOS的靈敏度大為下降。這次哥倫比亞號的機組人員在儀器中安裝了新型的低溫冷卻器，讓NICMOS復活，也恢復了哈伯高品質的紅外線成像能力。事實證明，這套紅外線儀器對於研究由氣體和塵埃組成的緻密星雲特別有幫助，因為可見光無法看透星雲的內部，但是在紅外光下卻是相對的透明。

右：2002年3月，哥倫比亞號太空梭的機組員在SM-3B任務期間，成功為哈伯望遠鏡送來新的太陽能板並完成安裝。照片中可以看到新的太陽能板被解開並安裝到望遠鏡上之前，在太空梭貨艙中摺疊起來的樣子。

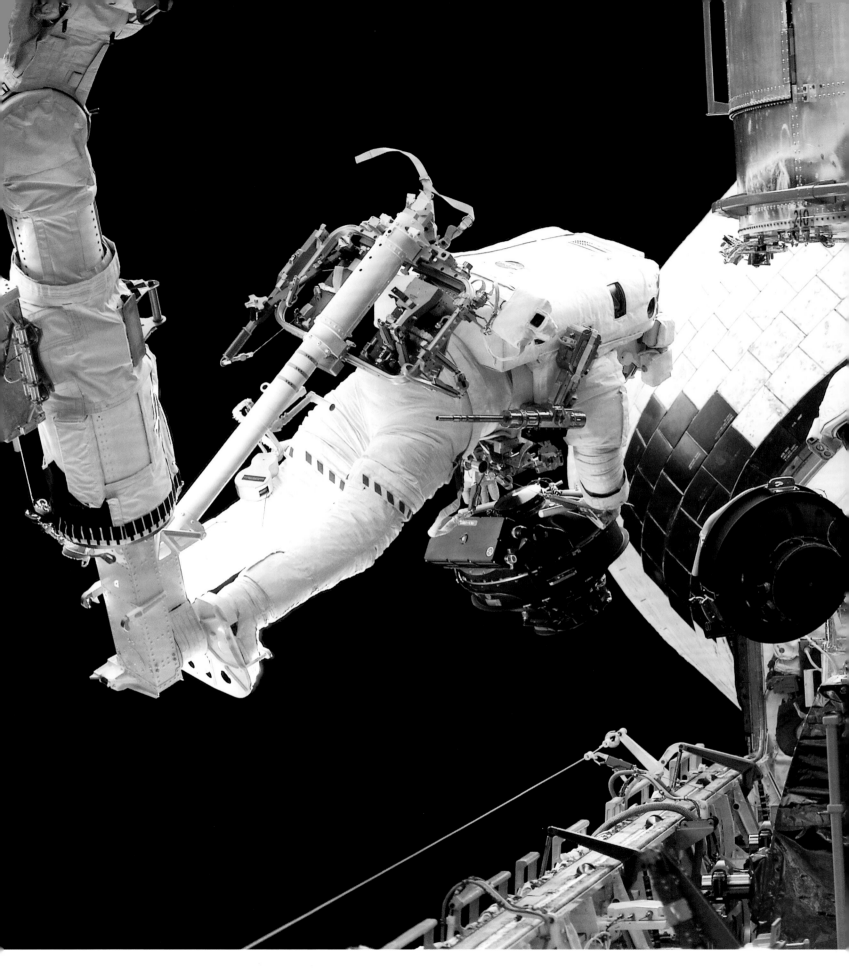

在STS-109任務的第二次太空漫步中，哥倫比亞號太空梭太空人麥克‧馬西米諾（操作加拿大臂者）和詹姆斯‧紐曼更換了哈伯太空望遠鏡中的一套反作用輪總成（Reaction Wheel Assembly）。

最後的調整

2009年5月

哈伯的下一次表定維護工作原本定在2005年2月，但2003年哥倫比亞號太空梭失事，導致NASA取消了之後所有的哈伯維護任務。但考慮到接下來詹姆斯·韋伯太空望遠鏡（James Webb Space Telescope，JWST）將於2020年代初期升空，大眾和國會強烈要求在那之前要盡可能延長保存哈伯的時間。因此NASA改變決定，排定在2009年5月進行第五次、也是最後一次的維護任務（SM-4）。

亞特蘭提斯號太空梭載了七名太空人重返哈伯，其中包括物理學家約翰·格倫斯菲爾德，這是他第三次前往哈伯。STS-125任務由史考特·奧特曼指揮，葛瑞格里·強生（Gregory Johnson）負責駕駛。除了格倫斯菲爾德外，還有三位任務專家：安德魯·費斯特（Andrew Feustel）、麥克·古德（Michael Good）和麥克·馬西米諾，這四人在五次的太空漫步中輪替；另外一名任務專家梅根·麥克阿瑟（Megan McArthur）負責操作加拿大臂。這次任務是亞特蘭提斯號第30次上太空，也是所有太空梭除了前往國際太空站之外的最後一次飛行。

SM-4任務的主要目標是把WFPC2換成新相機WFC3（Wide Field Camera 3，第三代廣域相機）。另外是安裝宇宙起源攝譜儀（Cosmic Origins Spectrograph，COS），取代先前的COSTAR，因為現在所有哈伯上較新的儀器都內建了校正透鏡。其他升級的裝備包括更換一個新的精細導星感測器、安裝新電池和六個新陀螺儀、以及維修與更換其他故障的電子部件和幾個儀器。與早期的儀器相比，COS和WFC3再次大幅提升哈伯的靈敏度，把觀測範圍擴展到更暗、更遠、更古老的星系，讓哈伯在太空望遠鏡中持續處於天文探索的尖端地位。此外，太空人在望遠鏡底部安裝了一套稱為「軟捕捉與會合系統」（Soft Capture and Rendezvous System）的機械裝置，使未來的機器人或載人飛行器能夠更容易抓住望遠鏡，在最後那一天到來時用來協助引導哈伯重返大氣層。

NASA的太空梭機隊於2011年退役，在總計135次的太空梭任務中，SM-4是第126次，也是最後一次造訪哈伯的太空梭任務。亞特蘭提斯號組員的一部分工作，就是要幫助哈伯在JWST上線前這段至少十年的時間內能有效運作。就這個意義上來說，SM-4是極為成功的任務，因為到2019年為止，也就是距上一次太空梭造訪的十年後，哈伯仍在持續收集驚人的影像和資料，使天文界持續得到驚人的新發現。

右上：2009年在佛羅里達州卡納維爾角的NASA甘迺迪太空中心，技術人員正在檢查新的哈伯儀器WFC3，準備由亞特蘭提斯號太空梭搭載升空。

第54-55頁：哈伯WFC3拍攝的一部分面紗星雲（Veil Nebula）的假色影像，面紗星雲是著名的超新星遺骸「天鵝座環」（Cygnus Loop）的外層構造，位於天鵝座方向，距離地球1500光年。

左頁：這張攝人的影像是船底座星雲（Carina Nebula）的一部分，圖中巨大的柱形恒星生成區由氣體和塵埃構成，往外噴射的熱氣體噴流稱為「赫比格－哈羅天體」（Herbig-Haro Objects，見第114頁）。這張假色合成影像是由WFC3儀器中多個有色濾鏡拍攝，這個儀器在2009年由SM-4任務太空人安裝在哈伯望遠鏡上。

科學

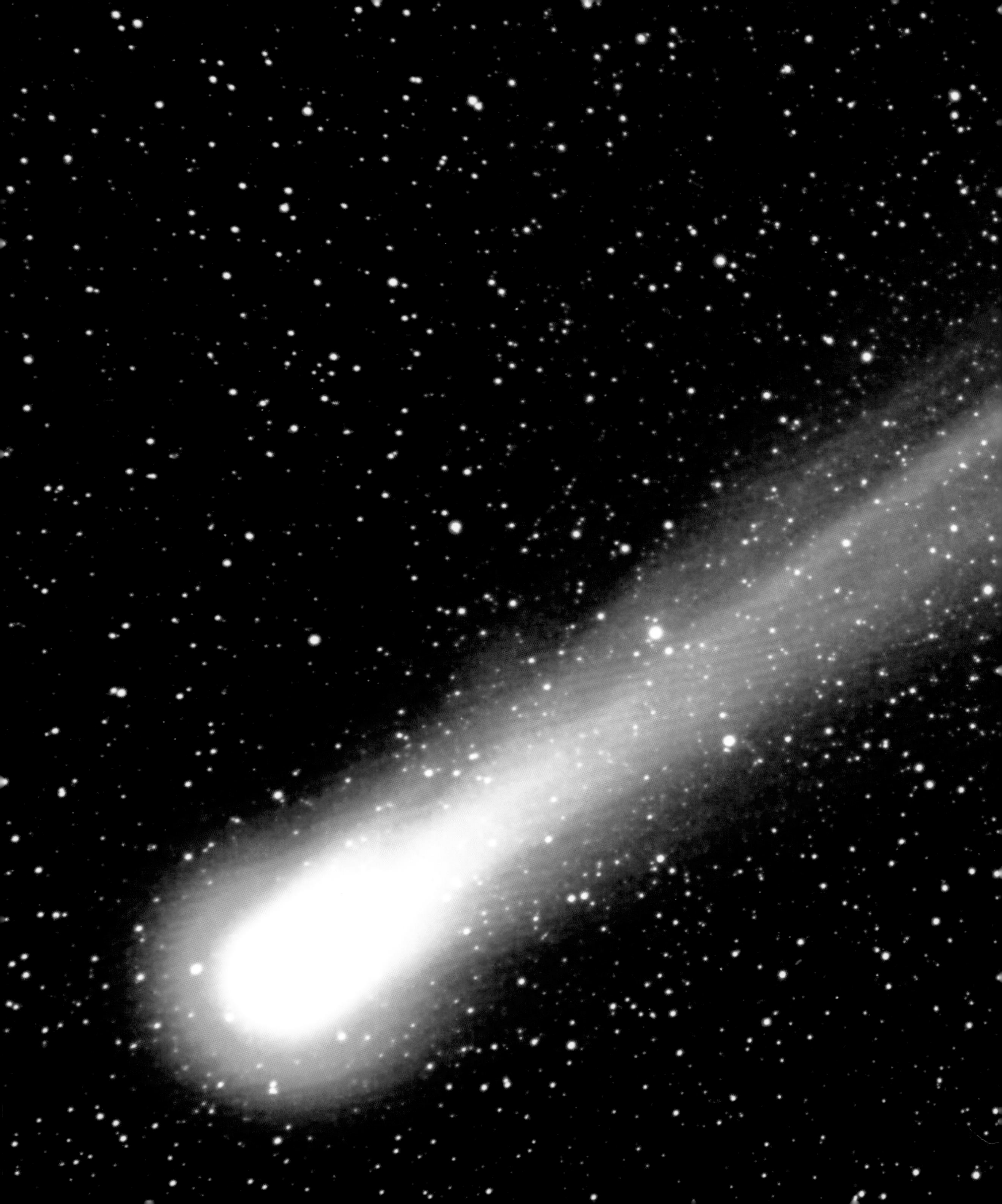

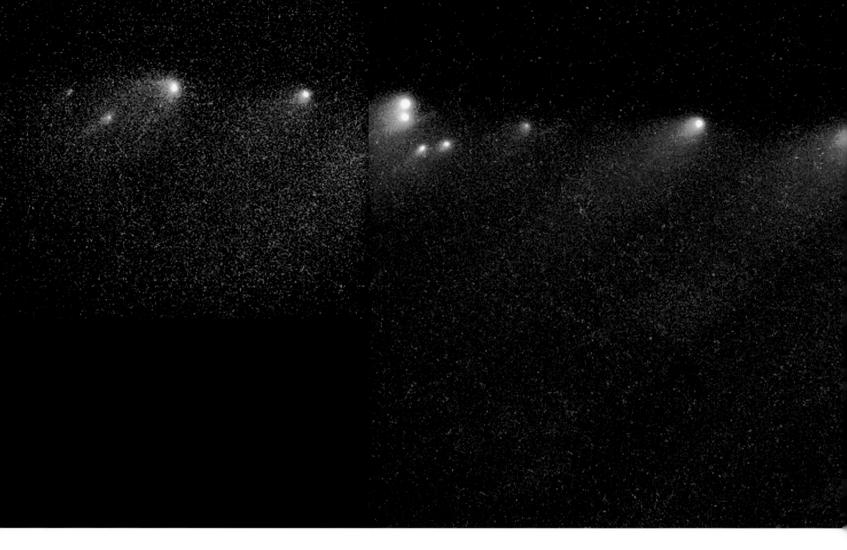

第 56-57 頁：這是地面望遠鏡拍攝的百武彗星（C/1996 B2），它在 1996 年 3 月近距離飛過地球時閃亮地劃破夜空。

第 57 頁嵌入圖：百武彗星發現後不久，哈伯也被徵召為這顆「1996 年大彗星」投入拍攝，並收集其他獨特的測量資料。這張 WFPC2 假色影像的視野大小只有 3200 公里寬，圖片中可看到經過放大的、小而明亮的冰質彗核，以及周圍瀰漫的塵埃和氣體。

珍珠串鍊
1993年10月

只要看我們的月亮，就可以知道太陽系曾經是個暴烈的地方。月亮的表面還保有古老的撞擊痕跡，這些都是長期下來受到數百萬次大型的小行星和彗星撞擊所留下來的。我們在整個太陽系都看得到類似這樣受到暴力撞擊的表面──在其他行星上、岩石和冰封的衛星上，甚至在小型的小行星和彗星上。如今大型撞擊事件已經很少發生，所以要出現能讓天文學家預知的撞擊事件，絕對是千載難逢的機會。

這樣難得的機會在1993年春天發生了。當時卡羅琳・舒梅克（Carolyn Shoemaker）、尤金・舒梅克（Eugene Shoemaker）和大衛・李維（David Levy）的觀測小組發現了一顆奇異的彗星，這是他們團隊第九次發現周期彗星，因此他們稱這顆彗星為舒梅克－李維9號彗星（P/Shoemaker-Levy 9，或簡稱SL-9）。SL-9不是個典型的彗星──具有單一明亮的頭部或核心（這是彗星的固態冰／岩石部分，通常周圍會瀰漫水蒸氣雲），後面拖著一條昏暗的長尾巴。然而，SL-9卻有多個亮點和一條模糊的長尾巴穿過它們。後來由其他天文學家的軌道追蹤得知，這顆彗星實際上是以

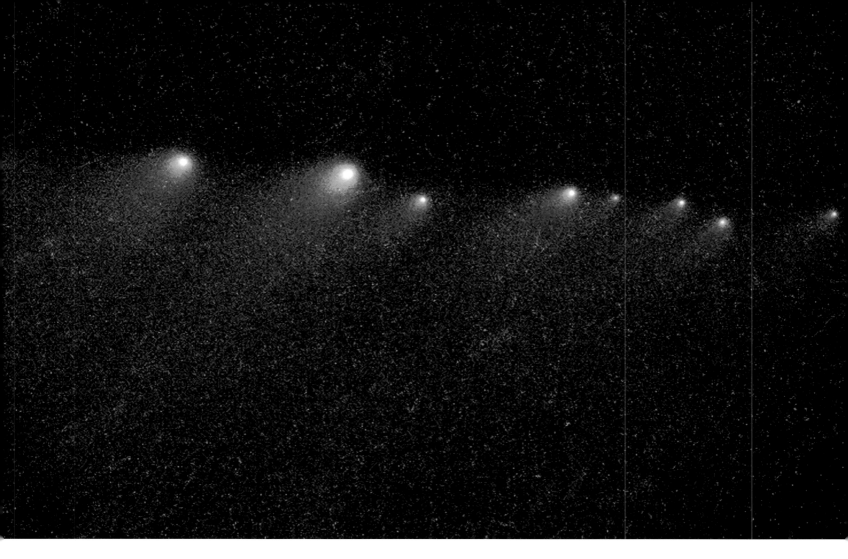

兩年公轉週期繞行木星，而不是繞行太陽。SL-9的細長結構顯然是之前一顆大彗星因為接近木星時被重力撕裂的結果。令人震驚的是，天文學家發現這顆SL-9　微型彗星「列車」將在1994年7月一頭栽進這顆太陽系最大行星的大氣中！這是史上第一次能預測太陽系大型撞擊事件的發生。

　　世界各地的天文學家和望遠鏡開始為這個千年一遇的天文事件動員起來；當然，這代表哈伯也不能缺席。即使1990年的哈伯原始儀器還是失焦的，但1993年下半年哈伯拍攝到的影像和其他資料，仍然可以看出SL-9著名的「珍珠串鍊」結構、組成和運動的細節，而這些很快就會全數撞進木星裡面。1994年初，太空人在望遠鏡上安裝了COSTAR校正光學系統（見第23頁），在此之後取得的SL-9影像和其他資料又更好了。

　　從SL-9的哈伯影像中可以看到，彗星的軌道中至少有20個大碎片。雖然在絕對尺度上或許很小，但是較大的碎片估計每個直徑都超過2公里，以平均彗核大小而言仍然算是相當大的。從地面望遠鏡和早期哈伯望遠鏡的幾個彗核影像中，好些彗核看起來都只是一個個暈開的大亮塊，但是哈伯經過COSTAR校正之後，發現這些大彗核其實是由很多個聚在一起移動的小彗核所組成。哈伯的影像確實令大眾和專家對1994年夏天即將上演的「木星」煙火秀充滿期待。

這是著名的「珍珠串鍊」影像，圖中可看到舒梅克－李維９號彗星的所有碎片。

撞擊木星

1994年7月

儘管舒梅克－李維9號彗星的碎片（見第58-59頁「珍珠串鍊」）比起木星實在非常小，但有一些天文學家和行星科學家認為，它們在1994年以極快的速度撞擊木星時，很可能會造成劇烈的大氣擾動。這些由冰和岩石組成的1.6公里寬巨石，將以大約21萬6000公里的時速撞擊木星最上層的雲層，釋放的能量相當於全世界核彈加總起來的數千倍破壞力。

但是其他天文學家對此抱持懷疑的態度，他們預測，大部分低密度、脆弱、以冰為主的碎片會在木星厚厚的雲層下方解體並蒸發，不會造成任何破壞。這個陣營的一些天文學家提到1908 年的通古斯事件（Tunguska event），很有可能是一個低密度、脆弱的彗核在西伯利亞上空爆炸，隨後產生的衝擊波將樹林夷為平地，但並沒有在地表留下明顯撞擊坑。

當然，HST就在這個煙火秀的搖滾區。哈伯是全世界解析度最高的天文臺，它的成像和光譜攝影能力遠遠超越當時地面上所有的望遠鏡。全世界的天文學家都在競爭哈伯望遠鏡的使用時間，希望可以拍攝到撞擊當下和撞擊之後的影像，並收集相關資料。

7月16至22日，當SL-9的碎片一塊接著一塊撞進木星的雲層頂端時，我們直接或間接地觀測到了21次明顯的撞擊事件。實際上，撞擊本身是發生在木星背對地球的那一側，因此天文學家並不期望可以直接看到事件發生。他們期待的是，當撞擊點旋轉到地球可以觀測到的那一側時（木星約每十小時公轉一圈），可以看到撞擊後的效應。但令人吃驚的是，哈伯和地面望遠鏡在行星邊緣竟多次觀測到了因為撞擊而噴發到高處的劇烈火球爆炸，這遠遠超出了大多數人的預期。

撞擊的後續效應也同樣令人震撼。撞擊點出現了巨大的半圓形黑斑，有些比地球還大，推測這些黑斑是彗星物質蒸發和擴散所造成，或是深層的木星大氣中因為撞擊而被揚起的含碳和含硫分子。木星的撞擊痕跡之大，連在地球上用小型望遠鏡也能看見，而且持續了好幾個月才慢慢消失。

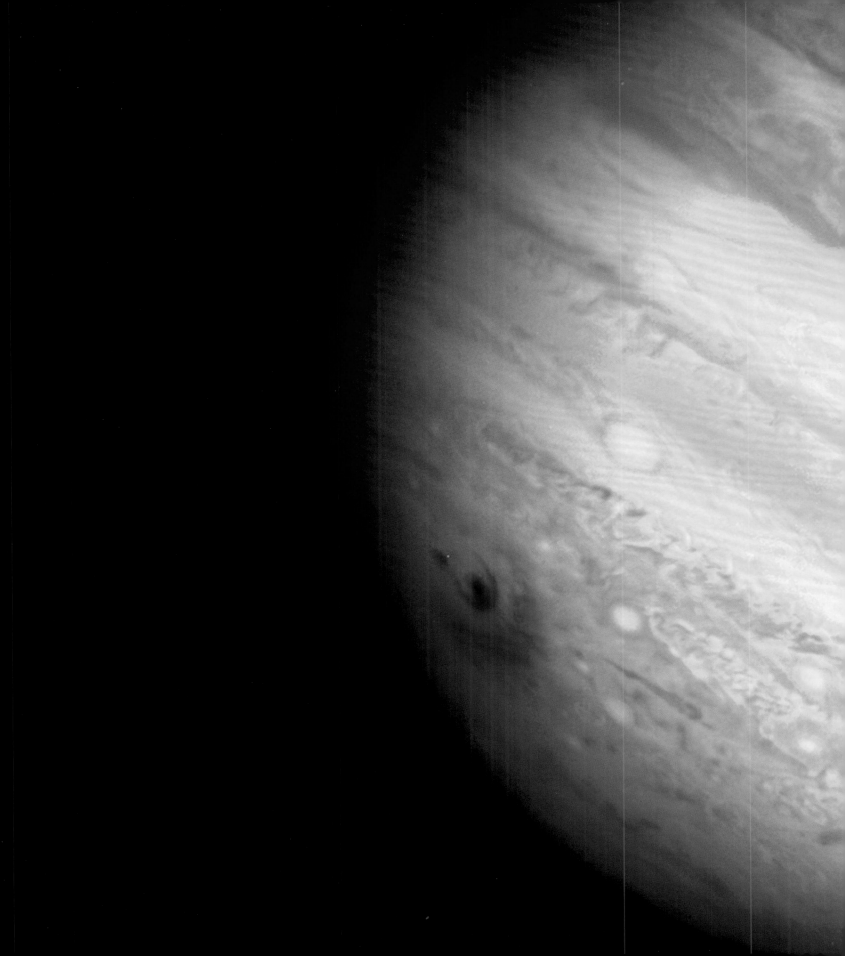

隱藏版的金星

1995年1月

哈伯太空望遠鏡的儀器和系統針對極微弱和極遠的天體觀測進行了最佳化。這表示操作望遠鏡的團隊必須避開來自非常近且亮的天體（如太陽、地球和月球）所發出的相對強光。這些光若進入望遠鏡，會損壞非常敏感的感測器。這些明亮天體周圍都有規畫出特定的「禁區」，也有開發相關的軟體和系統來防止望遠鏡的角度太過靠近某特定的「迴避角」。

哈伯對太陽的「迴避角」約為50度，表示望遠鏡不能指向天空中任何距離太陽角距50度以內的天體。例如從地球周圍看太陽系的第一顆行星水星，它與太陽的角距永遠不會超過28度，因此哈伯永遠不能觀測水星。同樣地，第二顆行星金星在天空中也總是相對靠近太陽，但它的最大角矩大約是47度，非常接近哈伯的50度極限！

由於位於最大角矩位置的金星已非常接近哈伯允許觀測的天區，所以行星科學家懇求太空望遠鏡科學研究所能稍微放寬限制，允許他們使用望遠鏡來進行獨特且具有科學意義的行星紫外線觀測。1995年1月，研究所實現了他們的願望，哈伯拍攝了令人驚嘆的金星紫外線影像和光譜（一個天體的光線被分成幾百種波段的色光，光譜就是顯示分光後這些色光強度的圖）。

行星大氣科學家使用哈伯的紫外線資料，來估計金星大氣層頂中二氧化硫的含量，這是地面望遠鏡不可能收集到的資訊。從1970年代末期到1990年代，科學家其實已經對金星進行過這樣的紫外線觀測，使用的是一個更小、更舊的太空望遠鏡，稱為國際紫外線探測衛星（International Ultraviolet Explorer, IUE），另外也透過NASA的先鋒金星號軌道器任務（Pioneer Venus orbiter mission）來進行拍攝。奇怪的是，從先前的觀測看來，二氧化硫似乎逐漸在減少。金星大氣的二氧化硫來自一座或多座火山的噴發，因此有天文學家認為，或許我們正巧觀測到金星火山的二氧化硫釋放量緩慢衰減的過程。

哈伯的紫外線影像顯示金星雲層中有一些奇特的黑斑，類似先鋒金星號第一次在金星上看到的黑斑。直到今天，金星為何會出現這些稱為「紫外線吸收體」的黑斑仍是未解之謎。

左頁：圖為美國亞利桑那州中部清溪峽谷天文臺（Clear Creek Canyon Observatory）上方黃昏的天空，天空中那顆燦爛的「晚星」就是金星（本圖非哈伯拍攝）。

左頁嵌入圖：這是 1995 年 1 月 24 日哈伯 WFPC2 拍攝的金星紫外線假色影像，當時金星的位置非常接近它與太陽的最大角距。金星的軌道比地球更靠近太陽，也有像月球一樣的月相變化——從一個完整的圓盤形到新月形。在最大角距下，金星看起來與上弦月或下弦月的月相非常相似。

繪架座 β 與扭曲的盤面

1995年1月

1983年，天文學家使用高倍率地面望遠鏡，首次發現了另一顆恆星周圍「充滿碎片的盤面」。這個盤面是指圍繞在鄰近恆星繪架座 β（Beta Pictoris，即繪架座的第二亮星）周圍呈圓盤狀的氣體和塵埃。繪架座 β 是一顆非常年輕的恆星（不到3000萬年），距離太陽系只有63光年，大小比我們的太陽大75%。這個發現直接闡明了我們太陽系形成的主要假說，那就是行星、衛星、小行星和彗星都是從類似這樣圍繞著年輕太陽的氣體和塵埃圓盤中形成的。所以繪架座 β 很有可能向我們展示了早期太陽系是什麼樣子！

　　哈伯望遠鏡上的WFPC2相機於1995年開始對繪架座 β 的周圍區域進行拍攝。相機避開了恆星本身的光，因為這些強光會掩蓋恆星周圍圓盤反射出來的微弱星光。這些影像顯示出恆星盤面最內部前所未見的細節。特別是證據顯示出恆星周圍的塵埃環最內層結構，出乎意料地出現略微的翹曲或彎曲。

　　有一個用來解釋繪架座 β 的扭曲恆星盤面的假設是，有一顆木星大小（或更大）的大型行星繞著恆星運行——照片中的黑色部分——它在軌道上繞行時對圓盤施以重力拖曳，盤面的形狀因而扭曲。有行星圍繞其他恆星運行的想法已經存在了幾個世紀。到20世紀後期，天文學家才開始找到這些「太陽系外」的世界、或是「系外行星」存在的證據，特別是像木星這種巨行星。

　　在這個假設下，天文學家對哈伯的觀測進行後續研究，使用更大的地面望遠鏡，也利用之後維護任務中安裝的進階儀器來觀測。2006年，ACS相機在繪架座 β 周圍發現更暗的第二層碎屑盤，稍傾斜於主要盤面，這符合了系統中可能存在第二顆（或更多）巨行星的假設。2008年，天文學家從地面望遠鏡的研究中獲得了足夠的資料，證實發現了一顆質量是木星七倍的大型行星；這顆巨大行星繞行繪架座 β，很可能是造成恆星主要環面扭曲的原因。至今科學家仍持續在那個奇異的系外恆星系統中尋找其他較小的行星。

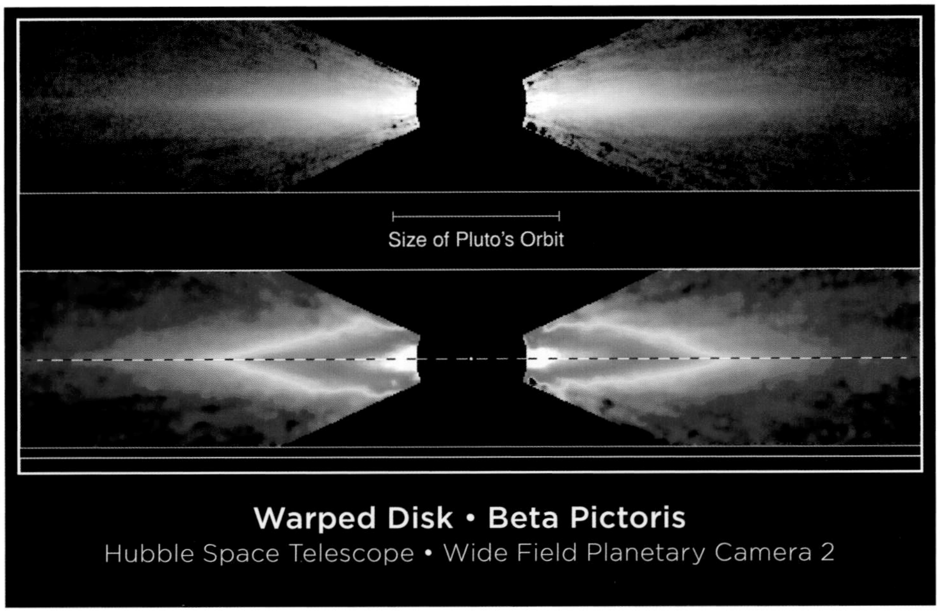

右頁：繪架座 β 星和它周圍恆星環境的想像圖。

下圖（上）：哈伯 WFPC2 相機拍攝的影像顯示繪架座 β 星圓盤內側充滿氣體和塵埃的區域。望遠鏡避開了恆星本身，也就是中央挖黑的地方。就規模來說，中央挖黑的區域大概相當於我們太陽系到海王星的範圍。

下圖（下）：從增強的假色影像中可以看出恆星盤面上密度較高的區域（紅色和白色）。

Size of Pluto's Orbit

Warped Disk · Beta Pictoris
Hubble Space Telescope · Wide Field Planetary Camera 2

小行星：天空中的害蟲！

1998年3月

哈伯太空望遠鏡設計的主要目標是研究微弱且極遙遠的天體，以作為了解早期宇宙的一個窗口。然而，望遠鏡必須越過鄰近的天體才能看到那麼遠的天體，有時那些討人厭的鄰近天體就是會恰巧擋住視線。

天文學家為了嚴密追蹤微弱的天體在天空中的移動，常常需要用很長時間的曝光來拍攝照片。由於哈伯繞行在我們這顆本身會自轉的行星軌道上，因此要進行長時間曝光的追蹤觀測就更複雜。相較於更遙遠的恆星和星系，鄰近的行星、小行星或彗星會在天空中以較高的速度移動。所以如果在某一次長時間曝光的觀測中，恰巧遇到這些高速穿過視野的鄰近天體，它們會在照片上產生凌亂的條紋，這有可能「污染」那些遙遠天體的長曝光資料。事實上，對於小行星會污染長曝光影像的這件事，20 世紀早期的天文學家華特・巴德 （Walter Baade）早就表達過他的沮喪，他稱之為「天空中的害蟲」（他的言論被廣泛地認為是說出了深空天體天文學家的心聲）。

然而，一個人的垃圾可能是另一個人的寶貝。哈伯研究人員整理了長時間曝光的照片檔案，發現有數以百計這種小行星軌跡的案例。由於鏡頭的指向和望遠鏡的軌道路徑都是已知的精確資訊，天文學家因此能夠計算出這些小行星的位置、軌道路徑，甚至是一些基本性質。因為它們的光太微弱，無法被地面望遠鏡看到，所以大部分從來沒有被觀測過。

這些從哈伯影像中意外發現的新小行星，大部分的軌道都處在與太陽系內其他行星、衛星和小行星相同的平面上（稱為「黃道面」）或是非常接近。1990年代的哈伯資料，讓天文學家能夠預測比以往更小更暗的小行星總數。這對於之後要設計和建造的幾個大型地面望遠鏡，提供了非常重要的資訊，使它們能漸次對更微弱的「害蟲」進行更完整的編目。

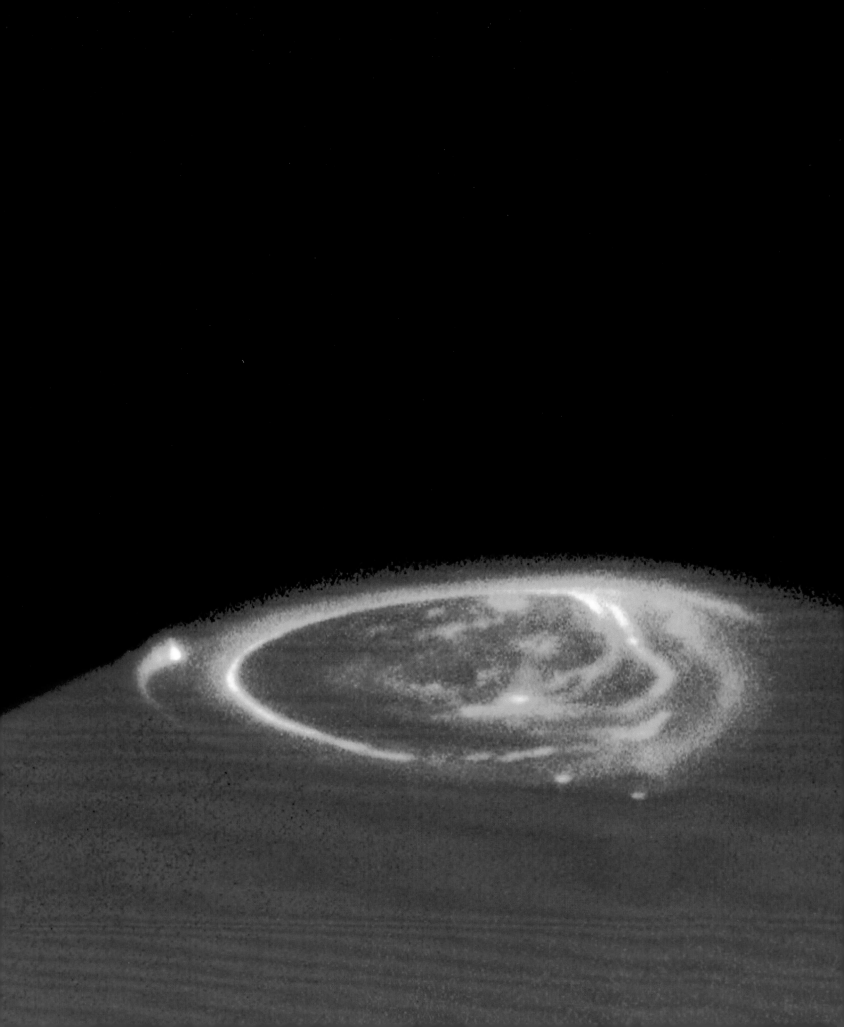

木星的北極光

1998年11月

地球上的北極光和南極光是太陽風（太陽發出的穩定高能粒子流）與地球強大的磁場之間發生交互作用，而產生的壯麗自然現象。太陽風通常會繞過地球（有助於保護地球上的生命），除了在地球磁場與地表交互作用最強烈的南北極之外。在兩極地區，被困住的太陽風粒子與大氣中的原子和分子碰撞，釋放出大量的紫外線輻射，在失去能量的過程中伴隨出現美麗的綠色、黃色和紅色可見光。

但地球並不是太陽系中唯一具有強大磁場的行星。事實上，外太陽系的所有巨行星磁場都比地球更強，其中木星是最強的。就像在地球上一樣，當太陽風與木星的強大磁場交互作用時，會在木星的極地區域產生美麗且巨大（比整個地球大很多倍）的極光。

哈伯獨特的紫外線成像和光譜能力，對於研究壯觀的巨行星極光來說是很完美的工具。木星的極光特徵是以磁北極為中心，發出強烈的紫外線輻射，進而形成一個巨大的橢圓形區域，在這個主要的橢圓區域內是一連串快速變化、更加彌散的輻射。

另外，木星極光有一組獨特的特徵，是一群在橢圓形極光外圍的小亮點，稱為「磁足跡」，是電流進入木星大氣的位置。這些電流隨著磁力線從木星主要的衛星（木衛一、木衛二、木衛三、木衛四）流入木星極地大氣。磁足跡起因於木星尺寸龐大的強大磁場——四個主要衛星都深埋在磁場中。如果我們能用肉眼看到木星的磁場，它的尺寸幾乎是我們月球的三倍。月球並不會在地球的極地大氣中產生磁足跡，因為它大部分時間都處在地球磁場外面。而地球磁場比木星的規模要小得多且弱得多。

這是哈伯的STIS紫外線儀器在1998年11月26日拍攝的木星北極光假色照片。這種光跟地球極地天空中常見的閃爍光幕是同樣的成因，都是太陽風和行星磁場之間的交互作用所產生——只是木星的北極光比地球的大很多倍。

火星天氣的更新資訊

1999年4月

在1990年升空後不久，哈伯就開始在火星最接近地球時觀察火星。但直到1993年望遠鏡的聚焦問題解決後（見第39頁），這顆紅色行星的影像解析度才開始大幅超越地面望遠鏡的最佳解析度。事實上，即使在1990年代中期，NASA發射的幾架火星軌道探測器開始拍攝照片和收集資料之後，哈伯的觀測資料仍然填補了火星科學上的重要空缺。

哈伯觀測像火星這種行星的優勢在於，它的觀測方式與地球同步氣象衛星觀測地球的方式類似：一次就觀測整個半球。相較之下，自1990年代中期以來，大多數火星軌道探測器一直以非常低的極地軌道在繞行火星，每次只能觀測到小範圍的火星表面——因此必須繞行軌道很多次才能建立覆蓋全火星的完整資訊。哈伯能觀察到整個火星早晨、中午和下午的天氣模式，而軌道探測器通常只能觀測一天中的一個時段。

哈伯在火星科學上的重要性可從另一個例子得知：一直到2014年底，哈伯提供了唯一的高解析度紫外線資料，用以研究火星日常和季節性的臭氧和水蒸氣變化。這些氣體是火星大氣的次要成分，但卻能提供關於光化學過程（由太陽光中的紫外線所引起的化學反應）以及水在火星表面和大氣之間移動方式的重要資訊。例如在1999年的火星成像行動中，哈伯的觀測資料讓科學家在火星北極區域發現了新型態的冬季赤道雲和大型的類氣旋風暴。

哈伯的火星影像也幫助說明了行星上著名沙塵暴的形成、生長和衰退的過程。例如在2001年哈伯成像行動期間，發生了局部沙塵暴發展成全球性沙塵暴的事件，完全掩蓋了火星表面原本明或暗的紋路。（可能需要數週到數月的時間灰塵才會消失，在那之後我們常可以看到風暴過後火星表面紋路發生巨大改變。）幾個世紀以來，地面望遠鏡一直用於研究火星表面紋路的變化，但哈伯代表了那個時代的頂點，提供了火星探索在古典時代和太空船時代之間的重要連結。

左頁： 這是哈伯 WFPC2 相機 在 1999 年 4 月 27 日拍攝的火星彩色照片，其中的顏色分別是紅色、綠色和藍色波長的濾鏡合成的，因此顏色近似肉眼看到的「自然色」。圖中的主要特徵包括：明亮的極地冰帽（頂部）、深褐色的沙質地形、明亮的紅色塵土地形、火星右側邊緣的早晨白色冰晶雲，和靠近北極的大型氣旋風暴。

太陽系的皇冠明珠：土星

2004 年 1 至 3 月

右頁：2004 年 3 月 22 日由哈伯 ACS 拍攝的土星可見光自然色合成影像；南極處疊加上去的動態極光，則是 2004 年 1 月 28 日 STIS 拍攝的紫外線假色影像。

哈伯太空望遠鏡針對太陽系所謂的「皇冠明珠」——有華麗環狀結構的土星——收集了許多影像和資料。它對於土星大氣層和極光的觀測特別重要，尤其在1990年代和2000年代初，這段期間介在1980年代初期航海家號任務（Voyager missions）首次偵察土星之後，與NASA執行卡西尼號任務之前（此任務從2004年到2017年繞行土星）。

土星的表面雲層由較暗的「帶紋」（belt）和較亮的「條斑」（zone）組成，某些特徵很類似木星上的雲層。然而地面望遠鏡和哈伯影像顯示，土星的大氣層整體不如木星活躍，較少出現風暴和其他大氣擾動。偶然的機會下，天文學家追溯19世紀的土星觀測記錄，發現土星的大氣層也會出現類似木星的橢圓形風暴。根據記錄，大約每30個地球年一次的土星北半球夏至前後，土星大氣會出現一個被稱為「大白斑」（Great White Spot）的大型赤道風暴系統。

1990年代，哈伯用WFPC2詳細研究了大白斑和其他大型的赤道風暴系統，發現風暴裡的白雲是氨冰晶，這是更深層、更溫暖的氣態大氣上升到較高層大氣後冷卻而結成冰晶。哈伯在1990年和1994年分別觀察研究過兩次這種特定的風暴，這也是過去幾百年來在土星上觀察到的三個大風暴中的兩個。接下來升空的卡西尼號任務將會進行更近距離的拍攝，而哈伯利用盡可能高的解析度影像所捕捉到的土星大氣運動，有助於為之後的卡西尼任務設計濾鏡和觀測計畫。

與木星一樣，土星也有一個強大的磁場，會與衝擊到行星的太陽風交互作用（見第68頁「木星的北極光」），進而在北極和南極區域產生壯觀的極光現象。土星的北極光和南極光也像木星一樣，主要是以磁北極和磁南極為中心組成橢圓形的圖案。這些現象是動態的，會在幾分鐘到幾小時的時間尺度上不斷變化。另一個與木星系統相似的地方，就是土星也發現了磁足跡——即巨行星大氣與它的衛星之間的電流連接處，例如在卡西尼任務中就在土星和土衛二之間發現這種連結。

冥王星的五個衛星

2006 年 2 月

1930年，羅威爾天文臺（Lowell Observatory）的天文學家克萊德·湯博（Clyde Tombaugh）發現了太陽系的第九顆行星冥王星，它在海王星之外的軌道上運行。1990年代，使用地面望遠鏡的天文學家發現冥王星只是冰山一角，像冥王星這樣大小的小型冰質天體還有很多，而冥王星只是這群新族群中最靠近地球、最亮的一員。這些新族群稱為古柏帶天體（Kuiper Belt Objects，KBOs），它們的軌道在海王星之外，位置大概介於30倍到100倍地球到太陽的距離之間。當了解到冥王星只是大量KBO的其中一員，這使得一些天文學家（但遠非全部）提出了新想法：冥王星並不是一顆成熟的行星，而是應該被稱為「矮行星」（見第80頁）。

冥王星有一顆大的衛星冥衛一（Charon），在1978年發現。哈伯於2005年參與了冥王星的觀測，因為行星天文學家意識到結合哈伯傑出的解析度和靈敏度，可以對更多更暗的衛星進行最詳細的搜索。冥王星伴星搜尋（Pluto Companion Search）團隊在他們第一次的觀測資料中發現了另外兩個衛星的初步證據。但是接下來在2006年2月使用ACS的高解析度相機（High Resolution Camera，HRC）拍攝的第二組影像，才確認它們是真實存在的，並確定了它們基本的軌道參數。

新發現的冥王星衛星最初命名為S/2005 P1和S/2005 P2，它們事實上非常小而且形狀不規則，兩者的最長邊都只有50公里左右。兩顆新衛星隨後分別以希臘神話的角色來命名：一個是九頭蛇海卓拉（Hydra，冥衛三），另一個是黑夜女神妮克絲（Nix，冥衛二）。哈伯的影像顯示出兩者的圓形軌道與冥王星的赤道面在同一個平面上，且以2：3的「軌道共振」繞行冥王星（即距離較近的冥衛二繞冥王星三圈的時間，正好等於冥衛三繞兩圈的時間）。

2011年和2012年，哈伯對冥王星系統進行了靈敏度更高的觀測，並且發現了另外兩顆新衛星。衛星最後以希臘神而話中守護冥界的狗和冥河女神的名字命名為克伯羅斯（Kerberos，冥衛四）和斯堤克斯（Styx，冥衛五）。這些衛星同樣非常小且形狀不規則（均小於20公里），軌道也與其他三顆衛星共振。

Pluto System • February 15, 2005

Hubble Space Telescope • ACS/HRC

Pluto

S/2005 P 2

Charon

S/2005 P 1

分解的彗星

2006年4月

彗星是由冰和岩石組成的太陽系天體，大多運行在大扁度橢圓軌道上，偶爾會跟著軌道路徑穿越太陽系內側而靠近太陽。彗星被太陽加熱時，表面和內部的冰通常會直接昇華成水蒸氣，然後和塵埃一起噴射到太空中。這種現象會在固態彗核附近形成一個瀰散狀的頭部，稱為「彗髮」，還可能伴隨由氣體和塵埃組成的長「彗尾」。大多數彗核都非常小，大約只有幾公里到10公里不等，一般認為是太陽系初形成時遺留下來、以冰為主的小型凝聚物，後來成為外太陽系的巨行星與它們的衛星和環的構成材料。

天文學家發現了一小群「週期性」彗星，會在預期的時間點以可預測的路徑返回太陽系內側。最著名的當然就是哈雷彗星了。但已知還有其他數百顆的彗星每隔幾年，或隔一、兩百年就會回到地球附近。另外大約有十多顆是碎片脫落型的彗星，這是造成每年最著名的流星雨的原因。

哈伯30年來幫助了行星天文學家研究許多彗星的組成和形態，包括1994年撞擊木星的著名彗星SL-9（見第58頁）。此外哈伯也拍到了另一顆引人注目的施瓦斯曼－瓦赫曼3號彗星（73P/Schwassmann-Wachmann 3，SW-3），它在大約地球和木星的軌道之間繞著太陽運行，每隔5.3年會返回內太陽系。此彗星於1995年回歸期間，地面望遠鏡的天文學家注意到，因為太陽的熱能使得彗星表面和內部的積冰持續蒸發，它已經開始分裂成至少四大塊碎片。

到了2006年哈伯開始對SW-3進行觀測時，地面望遠鏡觀測到的碎片數量已經增加到八個。哈伯透過比地面望遠鏡更高的解析度發現，這些碎片本身都由數十個更小的碎片組成。SW-3確實似乎正在慢慢瓦解。或許在不久的將來，當它再次近距離飛掠太陽時，很有可能會變回45億多年之前的原始形態——由緻密的蒸氣和塵埃組成的幽靈雲氣。

這是分裂的73P/施瓦斯曼－瓦赫曼3號彗星，照片中顯示的是碎片「G」周圍的高解析度影像，於2006年4月18日由哈伯ACS相機拍攝。這顆彗星最初在1930年被發現，1995年沿著橢圓軌道近距離飛越太陽時開始分裂。現在這顆彗星仍在持續解體中，目前以超過33個碎片組成的長鏈橫跨好幾度的天空。

揭祕冥王星

2010 年 2 月

雖然哈伯望遠鏡已經達到前所未有的解析度，但能夠記錄到多少細節還是有實務上的限制，取決於天體的大小和與望遠鏡的距離。例如，冥王星是個相對小的天體（直徑大約只有2400公里），且在哈伯大部分的觀測時間裡，與地球的距離都是地球與太陽距離的30倍以上（地球到太陽的距離定義為1個天文單位（AU），在哈伯服役期間，冥王星與地球的距離都超過30個AU）。因此，即使利用哈伯最高解析度的相機來拍攝，冥王星的大小也只有幾個像素而已。

但是天文學家很聰明，尤其擅長從已達解析度極限的影像和其他資料中，榨出所有可能的訊息。透過拍攝多幅天體影像，並在影像之間稍微移動望遠鏡的指向（這種作法稱為「抖動」，dithering），要提高哈伯影像的最大解析度是有可能達到的，即使觀測的是像冥王星這種只有幾個像素的天體。問題在於，這樣的作法需要充分了解所用的相機並進行仔細校準，也需要大量的電腦運算時間進行影像處理。

上：這張細節更加豐富的冥王星影像，是 NASA 新視野號在 2015 年 7 月飛掠冥王星與它的五顆衛星時所拍攝。圖中可見一大塊明亮的心形地貌，在右頁中哈伯拍攝的經度 180 度那張照片也可以看到這個地貌，那是一片冰冷、富含氮和甲烷的平原，今命名為史波尼克平原（Sputnik Planitia）。

右頁：這是 2010 年以前最詳細的冥王星全球視圖照片，由哈伯 ACS 相機分別於 1994、2002 和 2003 年拍攝的多張原始影像合成。即使在這麼粗的解析度下，也證明了冥王星表面有明暗色塊及顏色變化，當時的假設是這種明暗色調的變化是太陽的紫外線輻射分解了冥王星表面的甲烷冰所造成。

哈伯ACS就是用這種方法在1994、2002、和2003年拍攝冥王星，讓行星天文學家將冥王星的多個影像合成為更高解析度、可以看出表面明暗起伏的全星球視圖。合成結果很令人興奮——冥王星的表面在全球各處都有變化，可能是地質或表面成分（或兩者）的不同所造成。有些地方的顏色和亮度會隨著時間變化，可能和它稀薄大氣的改變有關。後來在2006年發射、2015年飛越冥王星系統的NASA新視野號任務（New Horizons mission），就以哈伯的觀測結果作為影像拍攝和其他觀測工作的規畫依據。

當新視野號終於能夠近距離拍攝冥王星時，哈伯的觀測結果和預測得到了證實：冥王星表面的明亮和陰暗處大致與進階處理後的ACS影像相符，甚至包括名為湯博區（Tombaugh Regio）的大型心形地區，這個區塊位於經度150度和180度之間，在哈伯ACS影像中呈亮黃色。冥王星原來具有迷人的地質和大氣變化，是一個有資格再次被稱為行星的世界。

Pluto • Hubble Space Telescope ACS/HRC

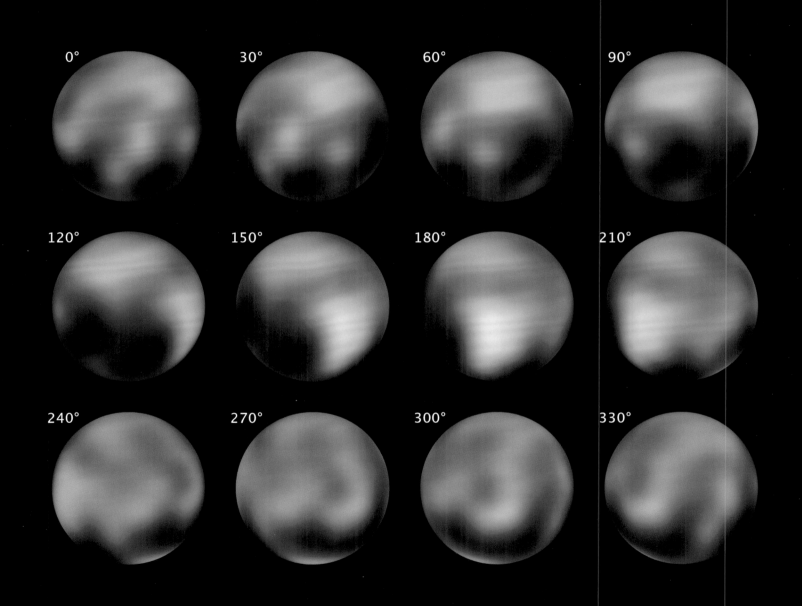

藍月亮

2012年5月

一般來說，哈伯的操作人員必須避免將望遠鏡指向太陽、地球或月球，因為這些天體的強烈光度可能會損壞望遠鏡某些超靈敏的探測器和儀器。然而，儘管指向太陽是絕對不允許的，因為會使儀器內部過熱，但如果把最靈敏的系統關閉，是有可能把望遠鏡指向地球（用於校準目的）甚至月球的。

哈伯已經對月球進行過多次科學觀測。1999年，哈伯使用WFPC2和STIS來收集哥白尼隕石坑（寬93公里）的影像和光譜，用於校準和調查月球表面某些部分的礦物組成。

2005年，一組行星科學家在ACS的高解析通道中使用可見光和紫外線濾鏡，對月球的阿波羅15號、阿波羅17號著陸點，和阿里斯塔克斯高原（Aristarchus Plateau）的周圍區域進行拍攝。藉由阿波羅任務從月球帶回來的樣本，科學家已熟知這些特定地點的化學和礦物學特徵。但是，是否能用阿波羅任務地點那些已知的特性來推論月球上其他沒有樣本的區域特性？研究人員利用哈伯的綠色、藍色、尤其是紫外線的成像能力，建立了月球表面顏色與阿波羅樣本中鈦含量（月球火山岩的重要組成物）之間的關係，並利用這個關係去預測其他火山沉積物中的鈦含量。

哈伯的月球攝影還有一個非常酷的例子，那是在2012年1月進行的一連串觀測，用來測試2012年6月金星凌日的觀測計畫。由於哈伯無法直接觀測太陽，於是天文學家提出了一個想法：在金星凌日期間觀測月球反射的太陽光，就有可能偵測到「標記」在反射光裡的行星大氣光譜特徵。這些觀測的資料處理和分析仍在進行中，但是類似的技術已經用來搜尋越過鄰近恆星盤面的巨行星的大氣組成特徵。

哈伯ACS相機在2012年1月11日拍攝月球的第谷（Tycho）撞擊坑。第谷坑寬約80公里，大約1億年前形成，坑的周圍環繞著撞擊事件產生的明亮放射狀條紋，又稱輻射紋（ray）。這個場景的實際範圍大約有700公里寬，清楚可辨的表面特徵最小可到170公尺。

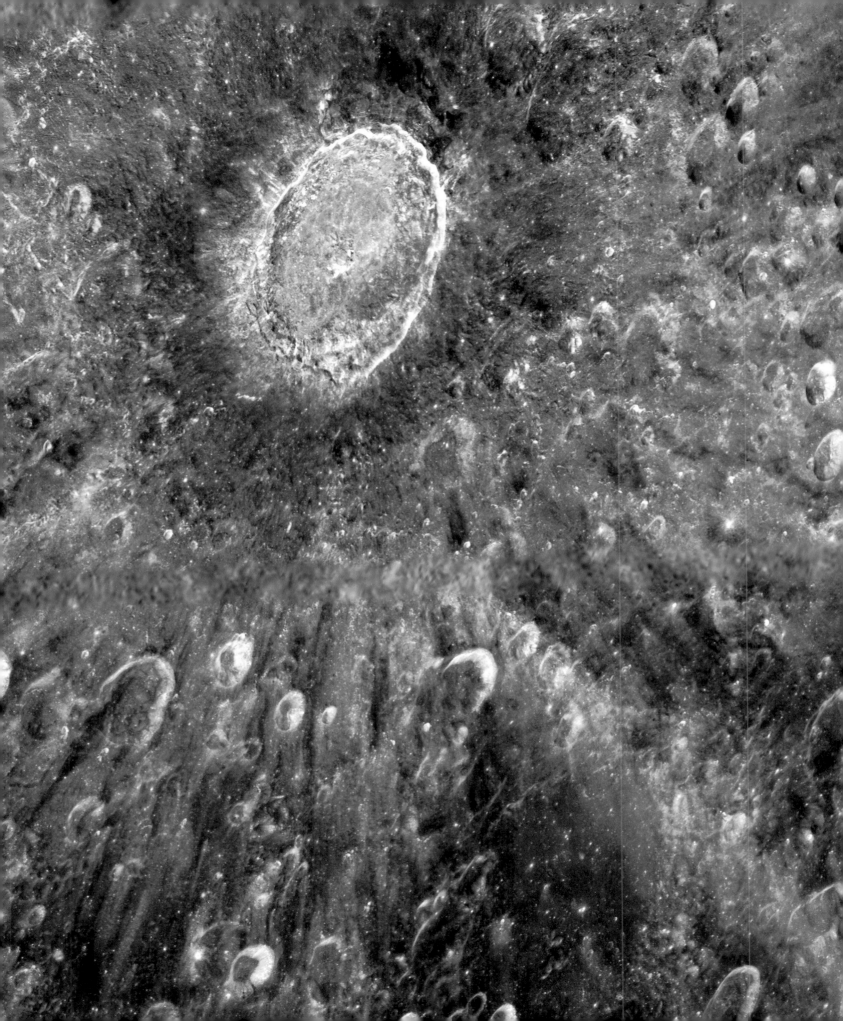

北落師門b的奧祕

2013年1月

我們的太陽和太陽系裡的一切事物，大約在46億年前從一個旋轉的、相對扁平的圓盤中生成。這個圓盤布滿了由氣體、塵埃、岩石和冰組成的碎片。一部分支持這個假設的證據來自鄰近年輕恆星的影像，這些恆星周圍有相對扁平，且由塵埃、岩石、冰組成的圓盤（見第64頁）。哈伯和地面天文臺至今已經發現並研究了許多這樣的恆星圓盤。

1998年，天文學家使用毫米波望遠鏡（可偵測深遠宇宙的紅外線熱能）發現了鄰近恆星北落師門（Fomalhaut，又稱南魚座 α）周圍的溫暖塵埃帶。北落師門離太陽僅約25光年，是一顆年輕的恆星（大約4.5億年）。這條塵埃帶是環形的（甜甜圈形狀的），與古柏帶在我們太陽系中的位置相同。北落師門的碎屑環帶被認為是行星形成區，在環帶和恆星中間相對空曠的區域，推論是被一顆或多顆在那裡運行的行星「清理」出來的。

2008年，哈伯拍攝了一張暗天體的影像，科學家懷疑是一顆木星大小的行星在北落師門的碎屑環帶內運行。與較早之前和之後的影像相比較，它確實很有可能是一顆行星，在公轉週期1700年的傾斜橢圓軌道上繞著恆星運行。天文學家分析這顆行星的亮度（這是第一顆在可見光波長下直接拍攝到的太陽系外行星）和它對附近碎屑環帶的重力影響，認為這顆名為「北落師門b」（Fomalhaut b）的行星質量大概介於海王星和三倍木星之間。

有些天文學家根據其他後續的地面和太空望遠鏡觀測結果，懷疑北落師門b是否真的是木星等級的行星。例如，從史匹哲太空望遠鏡的紅外線觀測中，無法偵測到預期中離恆星那麼遠的巨行星應該發出的熱輻射特徵。史匹哲的觀測結果對某些天文學家來說，代表北落師門b可能是一個團狀或破碎的塵埃雲，或者是一顆體積較小的、被碎屑和灰塵包圍的冰凍岩質行星。未來更高解析度的地面和太空望遠鏡應該能解開北落師門b的巨大謎團。

這是哈伯STIS相機拍攝的恆星北落師門的假色合成照片。恆星周圍是布滿灰塵和岩石的原行星盤，圖中顯示可能有木星大小的行星在圓盤內緣的軌道運行。發自中央恆星的光被遮蓋住，如此哈伯才能觀測到暗得多的原行星盤和行星（北落師門b）。

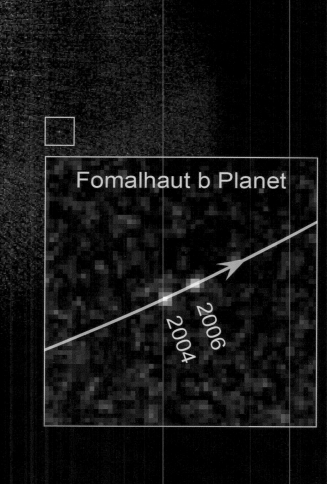

Fomalhaut b Planet

2006
2004

超活躍的小行星－彗星

2013年9月

大多數已知的太陽系小行星（大約80萬個）都在火星和木星之間的主小行星帶中運行。這是我們太陽系的一個過渡地帶：在火星周圍及其軌道以內形成的小型天體主要是岩質天體，而在木星周圍及其軌道以外形成的小型天體主要是冰質天體。那麼在這個過渡地帶中發現由岩石和冰混合的過渡天體，就不那麼令人吃驚了。

儘管如此，當一顆1979年發現的典型主小行星帶的小行星（名為7968 Elst-Pizarro）再次於1996年出現在近日點（但仍然在火星之外）時，天文學家透過地面望遠鏡看到它有一條像彗星那樣的尾巴，還是感到有點意外。此後，天文學家陸續發現了超過30顆這種原本被認為是小行星，卻出現類似彗星行為的天體。如果這些天體有明顯的冰昇華現象，天文學家就把它歸為「主小行星帶彗星」（main belt comet）；如果組成物質主要是細粒岩質塵埃，就歸為活躍小行星（active asteriod）。

哈伯用它的高解析度相機參與觀測一顆名為P/2013 P5的活躍小行星。這個天體於2013年8月，在名為泛星計畫（Pan-STARRS）的地面望遠鏡巡天觀測計畫中被發現。天文學家指出這個天體不是一個清晰的光點，而是具有模糊的彗星狀外觀。哈伯加入觀測行動後，很快就拍到更高解析度的 P/2013 P5 影像，可看出六條從中央明亮區域延伸出來的「尾巴」。哈伯拍攝幾週後，天文學家在重覆觀測時，發現尾巴的方向明顯不同，代表小行星正在快速變化中。

天文學家更詳細分析這個多尾小型天體，發現P/2013 P5是一顆快速旋轉的「碎石堆」小行星，表示它可能是由各種大小的岩石碎片在微弱的重力下勉強集結成一團，當小行星旋轉時，向心力可能會使一些碎石被拋離表面，揚起塵埃和岩石，接著再被陽光微小的輻射壓力拉長成尾巴。

這些活躍的天體叫做小行星還是彗星並不是那麼重要，重要的是它們能幫助我們了解太陽系的組成、物理特性和內部結構，因為這些小行星都是最初行星生成時遺留下來的原始物質。

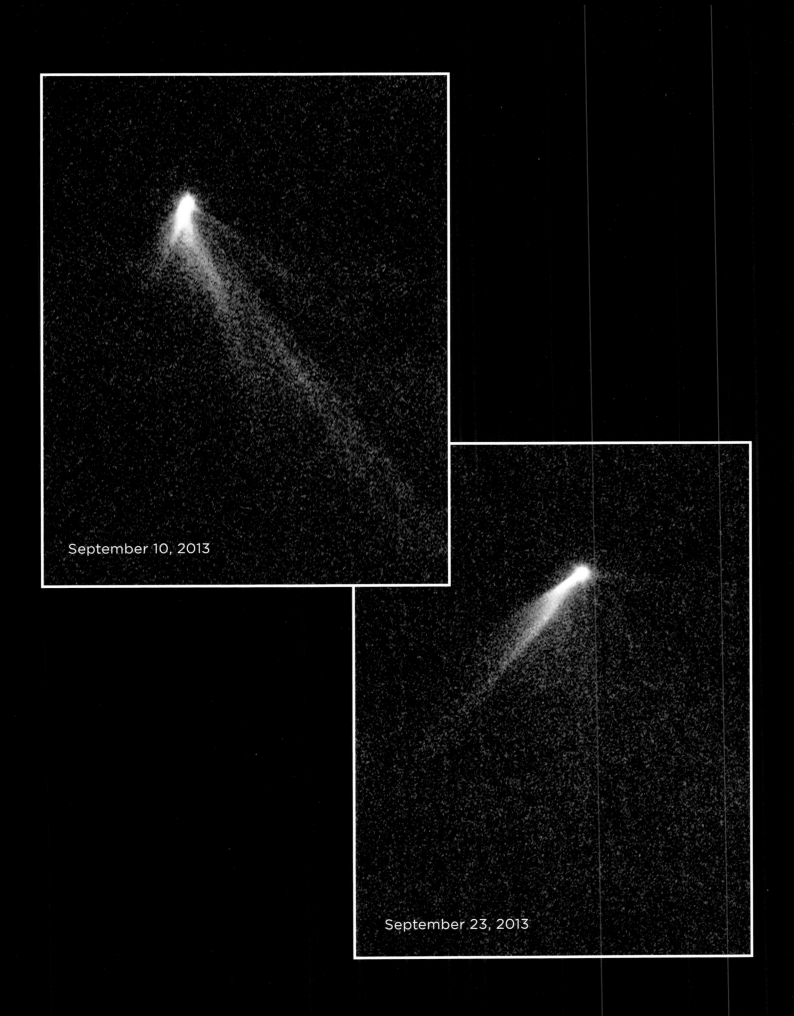

September 10, 2013

September 23, 2013

外行星之愛

2015年1月

哈伯太空望遠鏡能解析出太陽系中行星和衛星表面及其大氣裡的細節，但這種機會不多見。由於天文臺和儀器的主要科學目標，大部分集中在更遙遠的宇宙上，以解決更多有關宇宙學的問題，所以哈伯上線以來只有大約5%的時間是用在太陽系的觀測。因此要研究那些最容易隨時間變化的行星現象非常困難，例如外太陽系巨行星大氣層的劇烈變化。

　　2014年，一群行星科學家開始收集四顆巨行星——木星、土星、天王星和海王星——的哈伯WFC3多波段影像，嘗試更完整地記錄和監測風暴活動、風速，以及大氣結構與化學隨著時間的變化（以這個例子來說至少需要每個地球年觀測一次，每次連續觀測行星自轉兩周）。這個計畫稱為「外行星大氣遺產」（Outer Planet At-

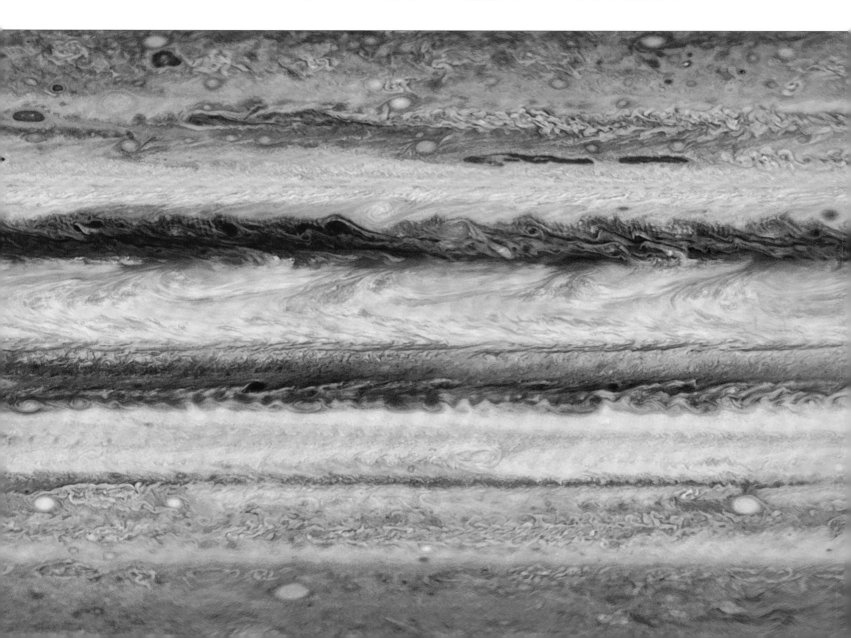

mospheres Legacy, OPAL)，至今還在持續進行中。把這個計畫的影像與早期的哈伯影像、早期或同期觀測的地面望遠鏡影像，和太空船拍到的影像結合在一起，可以讓科學家追溯數十年來巨行星上的天氣模式。

例如，哈伯影像提供了關鍵測量資料來了解木星著名大紅斑逐漸縮小的細節。對於木星南半球巨大風暴系統的詳細天文測量可以追溯到150多年前。在那段時間裡，這個風暴系統穩定地從橢圓形（跨越經度約40度）漸漸變成較接近圓形（現在跨越的經度小於15度），而且以愈來愈快的速度（相對於木星自轉一圈10小時的速度）向西漂移。

從OPAL和其他哈伯木星觀測計畫的影像和光譜中，可以看到大紅斑的顏色也正隨著時間緩慢變化，變得不那麼紅，這可能是由於風暴中雲層和霧霾的分布有些微變化造成的。若照這個趨勢繼續下去，大紅斑可能會在本世紀中葉變成米色斑，甚至可能在 2100年之前完全消失。

這張彩色的木星全球雲頂地圖，是哈伯 WFC3 相機在 2015 年 1 月 19 日用紅色、綠色和紫外線濾鏡，拍下木星多個不同自轉角度的畫面再合成。原始影像是木星不同角度的完整盤面，再從中擷取北緯 80 度到南緯 80 度、包含所有經度的畫面轉換成平面圖，類似製作地球地圖時，把球形的地表「展開」到一個平面上。

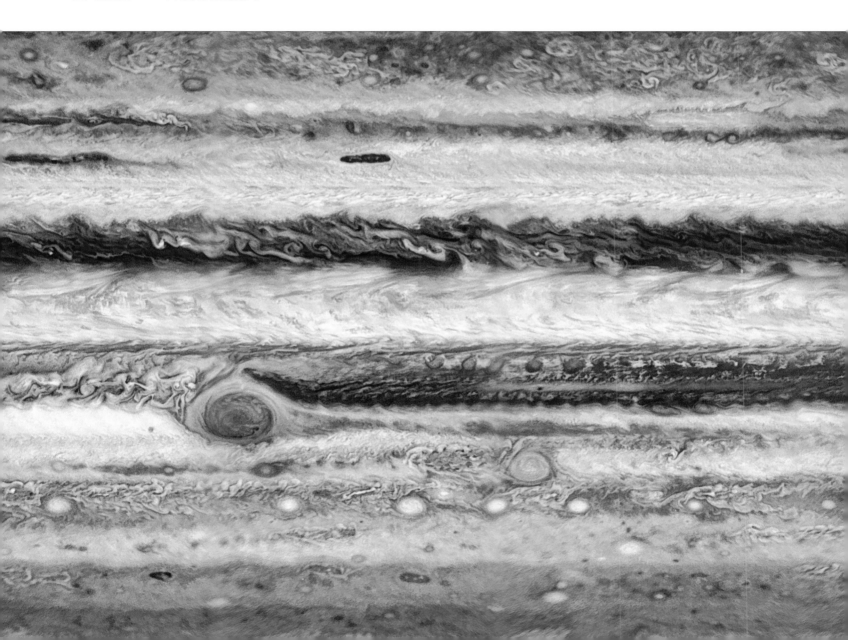

天王星和海王星：活力二重奏

2018 年 11 月

天王星和海王星是太陽系中我們了解最少的行星，部分原因是這兩個行星都離我們很遠——兩者的軌道分別是地球與太陽距離的19倍和30倍左右。我們對它們了解不多的另一個原因是，只有一艘太空船去探訪過它們。航海家2號（Voyager 2）於1986年飛掠天王星、1989年飛掠海王星，我們只能憑這個稍縱即逝的機會，近距離一瞥那兩個遙遠的世界。

藉著高解析成像能力，哈伯得以分析這兩顆行星上的大氣風暴和其他特徵，並且提供自航海家2號飛掠以來的大氣變化記錄。像 OPAL 計畫（見第86頁「外行星之愛」）這樣專門的計畫，可以確保哈伯至少每年都會拍攝天王星和海王星的高解析度影像，以研究它們的演變。

自1986年以來，天王星有了很大的變化。在航海家2號的可見光影像中，當時的海王星看起來像一顆撞球，帶著單一、朦朧的藍綠色調。這第七顆行星的自轉軸傾斜了將近90度，因此基本上它是繞著太陽滾動，而不是轉動。天王星這樣極端的傾斜角使它的季節也變得極端。航海家2號飛掠時，很接近天王星南半球的夏至，這也是它的「朦朧季節」，因為陽光只照射到南半球，而北半球則是完全黑暗。到2000年代中期，天王星已進入北半球春天、南半球秋天的季節，南北之間的陽光分布平均得多，也使大氣層活躍得多，大氣中點綴著白色雲層、類似木星和土星的小型風暴系統，以及高緯度地區朦朧的「極罩」（polar hood），也就是極地雲。

同樣地，海王星自從航海家2號於1989年飛掠以來，也經歷了重大的大氣變化。這顆天藍色的第八行星，傾斜角度和季節跟地球很相似——在航海家2號的影像中可以看到大量的白雲和深色的風暴系統，其中一個稱為大黑斑（Great Dark Spot），與木星的大紅斑形狀相似，但是顏色不同。自1989年以來，從哈伯及其他地面望遠鏡的影像中，可以看到大黑斑已經消失，並且被其他深色的風暴系統取代，相關的白色「伴生雲」也隨著時間屢屢出現又消失。行星大氣科學家仍在設法理解這些風暴系統如何增長和演變。

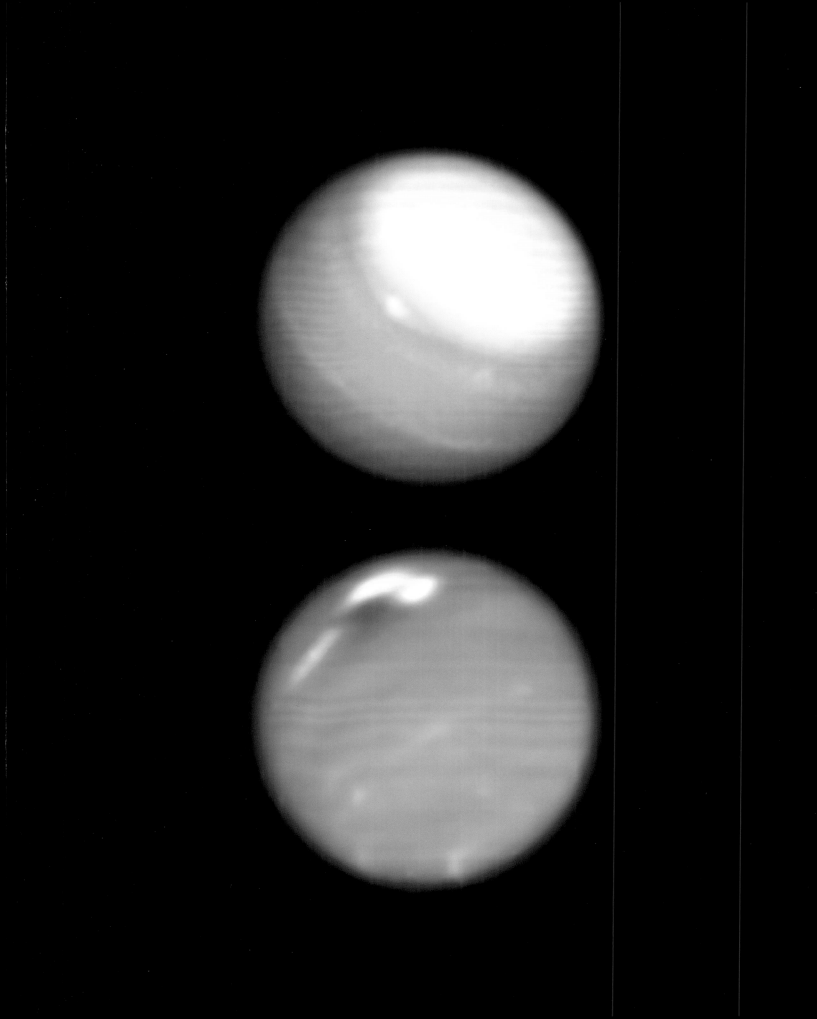

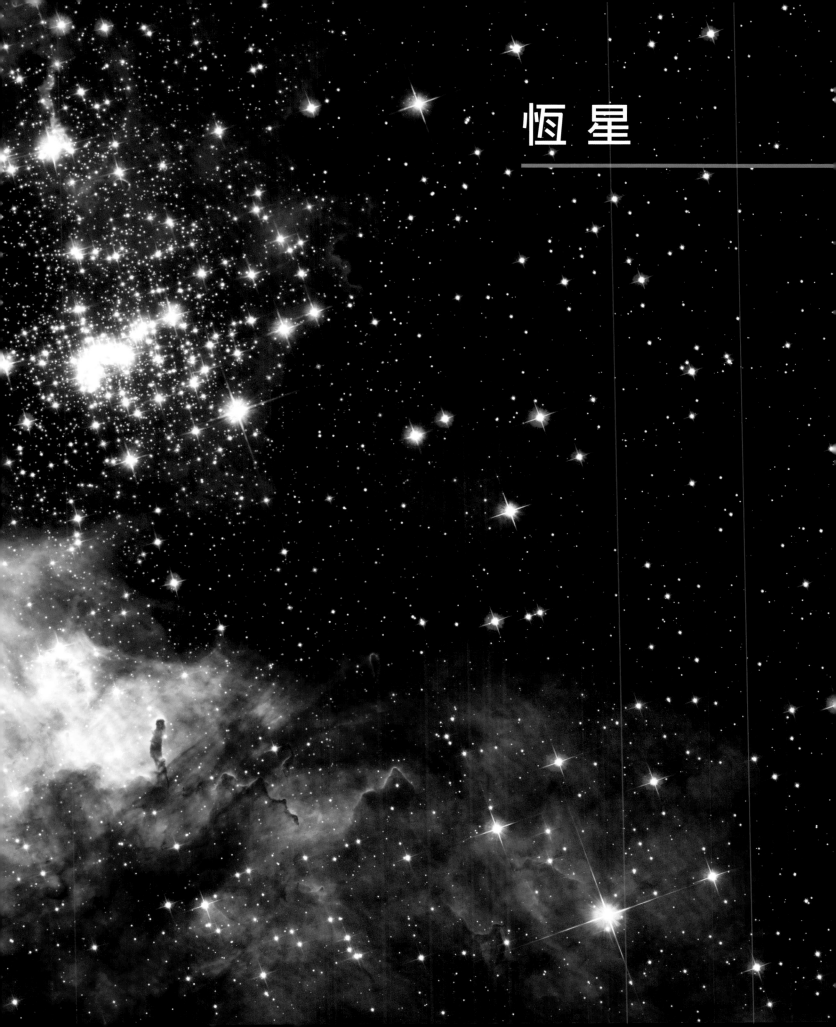

恆　星

怪物般的恆星爆發

1995 年 9 月

太陽和其他恆星會發出大量的能量和輻射，這些能量以光、熱和高能粒子的形式向外傳播。有時，太陽會往太空中噴出絲狀的高能量熾熱氣體。這種太陽閃焰在很多類型的恆星中都很常見，它的延伸距離可以遠遠超出人眼可見的恆星表面，即光球層（photosphere）。

1837 年，天文學家注意到一顆年輕的巨大恆星「海山二」（Eta Carinae，是一顆質量超過太陽 100 倍的恆星，位於南半球星座船底座，離地球約 8000 光年），它從一顆不起眼的昏暗恆星，突然變亮到比獵戶座的亮星更明亮的星。在之後的整個 19 世紀，海山二慢慢變暗到肉眼可見的最低亮度，但在 20 和 21 世紀又再次變亮，亮得像超新星一樣，但並沒有真正爆炸。1940 年代的地面望遠鏡天文學家注意到，這顆恆星被一團長形的氣體星雲包圍，據推測是在一百多年前急速變亮的過程中噴發出來的。

1995 年 9 月，哈伯也加入觀測海山二。但這項觀測難度很高，因為這顆恆星本身比它周圍的星雲亮了十萬倍以上。哈伯透過紅色和紫外線濾鏡，以各種曝光時間拍攝了許多照片──對中央明亮的恆星是以短時間曝光來取得良好的影像，而對昏暗的星雲則用長時間曝光，好提取細節。

合成後的影像十分令人驚嘆，也是有史以來根據哈伯資料所製作的恆星與周圍環境影像中，解析度最高的照片之一，冷卻凝結的塵埃形成的暗帶和條紋，與被恆星從內部照亮的熾熱氣體混合在一起，一看就給人一種海山二正在發生激烈事件的感覺。事實也是如此，這團星雲正以每小時約 240 萬公里的速度向外膨脹。

海山二是一顆怪物恆星，輻射出的能量約是太陽的 500 萬倍。它究竟是如何以及為什麼以這種方式持續噴發和釋放物質，是一個巨大的謎團，也是科學家正在密切研究的主題。

第90-91頁：這個位於船底座的巨大星團稱為維斯特盧2（Westerlund 2），由大約3000顆恆星組成，離地球約2萬光年。這張照片攝於2013年9月，由哈伯ACS和WFC3的假色影像合成，取自兩個紅外線濾鏡和一個綠色濾鏡。

右：這是超巨星「海山二」的哈伯WFC3假色合成影像。海山二位於船底座，離地球約8000光年，圖中可看到從中央恆星滾滾湧出的大量氣體和塵埃。這顆恆星於1837年開始噴發氣體和塵埃，在1840年代短暫成為夜空中第二亮的恆星。本圖攝於2018年7月，包含了來自紅色、藍色和紫外線濾鏡的光。

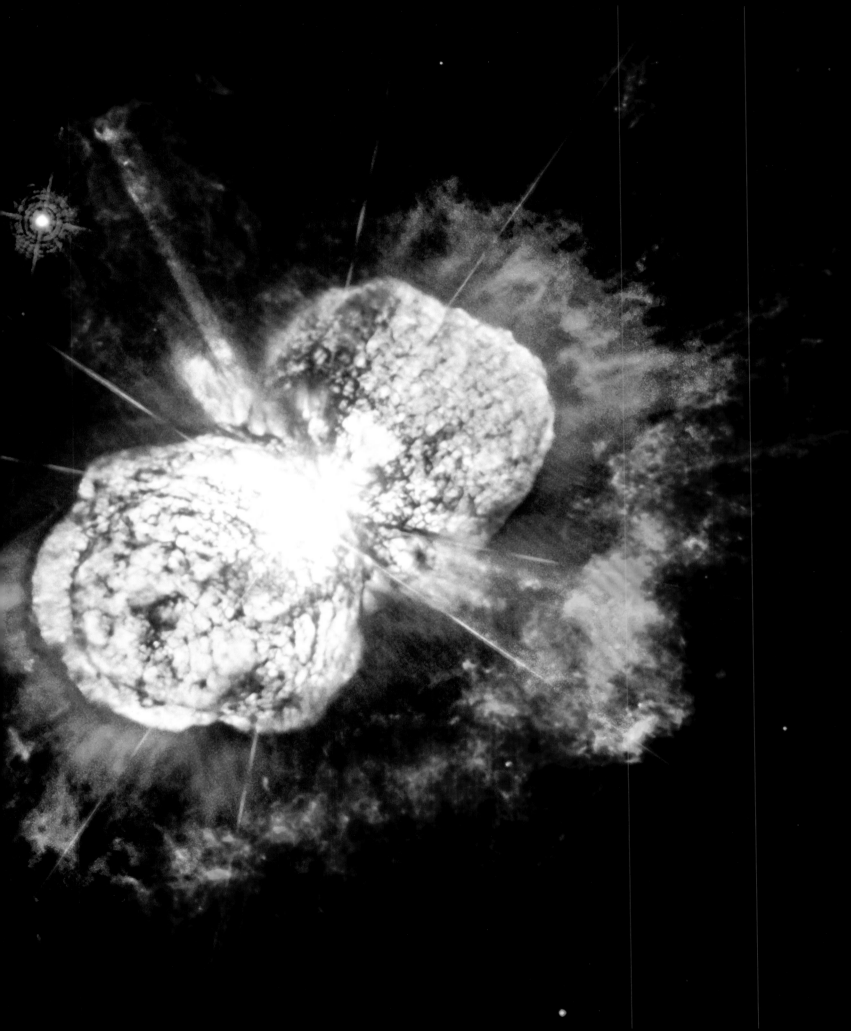

光的回音

2004 年 2 月

2002 年初，天文學家透過地面望遠鏡在南半球的麒麟座（Monoceros）中發現了一顆以前沒發現過、正在快速變亮的恆星。這顆恆星是在麒麟座發現的第 838 顆變星（variable star），因此命名為 V838 Monocerotis，簡稱 V838 Mon。後續觀測顯示這顆恆星被一個模糊的光暈包圍，而且光暈似乎愈來愈大。

2002 年 5 月，哈伯開始使用 ACS 相機功能中的藍色、紅色和紅外線濾鏡來對 V838 Mon 作更詳細的觀測。在哈伯影像中，中心是一顆紅巨星，圍繞著近似圓形和細絲狀弧形的氣體和塵埃。之後的哈伯影像顯示，圍繞這顆恆星的星雲狀「外殼」正在變大，至此已經比木星的角直徑大很多倍。這讓人很自然地把 V838 Mon 周圍的結構，想成是因為中心爆炸而造成的不斷擴張的球形衝擊波，但這是錯覺。

V838 Mon 是一顆年輕的恆星，年齡不到 500 萬歲，因此它仍然被很多最初形成時的星雲狀氣體和塵埃包圍。在恆星亮度急劇增加之前，這些殘餘的氣體和塵埃是看不見的。但是當更強烈的光照射在周圍的星雲狀物質上，會把這些物質照亮，其中部分的光會被星雲往我們的方向反射過來。因為反射光所走的距離比直接來自恆星的光更長，所以到達我們的時間比較晚。因此一段時間下來，會有愈來愈多的反射光傳遞到我們地球，看起來就像是星雲在膨脹，但事實上，向外傳播的只是來自 V838 Mon 急劇增亮的光，而不是來自星雲本身。

V838 Mon 其實離我們並不近，距離大約 2 萬光年，相當於銀河系直徑的 20%。它會突然亮到從這麼遠的地球都看得到，說明了這顆恆星急劇爆發的強度——在短時間內，V838 Mon 變得比我們的太陽還要亮 100 萬倍，是整個銀河系最亮的恆星之一。雖然已經有很多人提出假設來解釋這個現象，但 V838 Mon 爆出強光的原因還是不確定。這是一種奇怪的恆星爆炸嗎？還是原始恆星與另一顆恆星碰撞、或吞噬一顆或多顆巨行星所引發的核連鎖反應？未來的觀測和電腦模擬或許可以提供更多線索。

右：這是紅超巨星 V838 Mon 的哈伯 ACS 假色照片。V838 Mon 在 2002 年開始急劇變亮。在亮度爆發期間，周圍的星雲狀氣體出現了「迴光」，給人一種錯覺以為恆星周圍由殘骸物質構成的球殼正在膨脹。

螺旋星雲

2004 年 9 月

大多數的恆星都存在於雙星系統（binary systems）中，兩顆互為伴星（companion stars）的恆星繞著共同的質心運行。然而，雙星系統中的恆星通常質量並不相等，因此即使它們被重力束縛在一起，也可能經歷不同的生命史。隨著恆星逐漸老化，成雙（或更多）的多星系統會各自發展出不同的演化結果，而造成有趣的天文現象。

一個典型的例子是北半球飛馬座中的恆星飛馬座 LL（LL Pegasi，縮寫為 LL Peg）。飛馬座 LL 是一顆「碳星」（carbon star），這是一種在它可見的外層大氣中碳含量多於氧的紅巨星。在這種碳含量豐富的大氣中，有大量的塵埃或碳灰，因而呈現醒目的紅色。其中一些像飛馬座 LL 這樣的恆星，就大部分隱藏在周遭的塵埃和碳灰之中。然而，飛馬座 LL 其實是一個雙星系統，紅外線觀測證實了兩顆恆星的存在，並且可以看出兩顆恆星與主要碳星釋出的星雲狀塵埃雲交互作用的方式。

具體來說，哈伯的觀測揭露了布滿塵埃的飛馬座 LL 有多麼獨特，因為它擁有的細薄且近乎完美的螺旋狀明亮圖案，優雅地圍繞著中央恆星。星雲的螺旋狀特質說明了它是某種規律的周期性運動造成的。事實上，根據螺旋星雲中測量到的物質旋轉速度，已經推算出螺旋中每個環大概需要 800 年才能形成。

用來解釋每個螺旋環之間相隔 800 年的最佳假設是：飛馬座 LL 雙星系統中有一個較暗（未直接觀測到）的伴星，它在主要碳星產生的煙霧狀星雲中運行，同時本身的物質也正在脫離。所以 800 年代表了飛馬座 LL 雙星系統中另一個伴星的軌道周期。

飛馬座 LL 是一顆巨大的變星，又名「米拉變星」（Mira variable），大小約為太陽的 600 至 900 倍，亮度是太陽的 1 萬倍以上。像這樣的恆星在接近生命盡頭時，產生的脈動會釋放出大量的氣體和塵埃，形成一種稱為行星狀星雲（planetary nebula）的結構（可能是因為物質迅速地擴散到恆星周圍的行星環境中）。最後，巨星外層氣體會全部脫離，中央的恆星殘骸將成為一顆白矮星。大約 50 億年後，我們的太陽也會走上類似的命運。

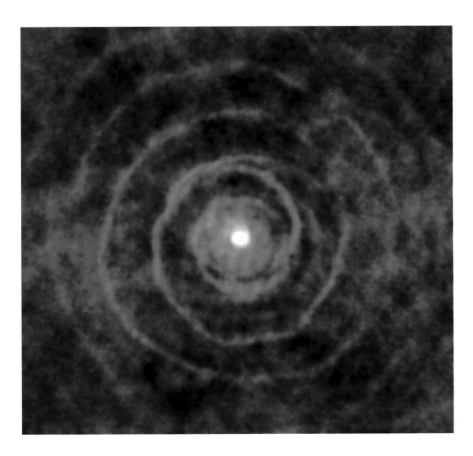

第 98-99 頁：這張壯觀的哈伯照片捕捉到了巨大的超新星爆炸後四處噴散的殘骸。這個天體名為仙后座 A（Cassiopeia A，簡稱 Cas A），是大約 350 年前一顆大質量恆星死亡時爆炸所形成，爆炸的殘骸散落到四周。由於這個超新星殘骸在銀河系中是距離我們比較近的天體（僅約 1 萬光年），所以照片中看得出熱氣和塵埃碎片的運動，其中有些物質的移動速度超過每小時 4800 萬公里！

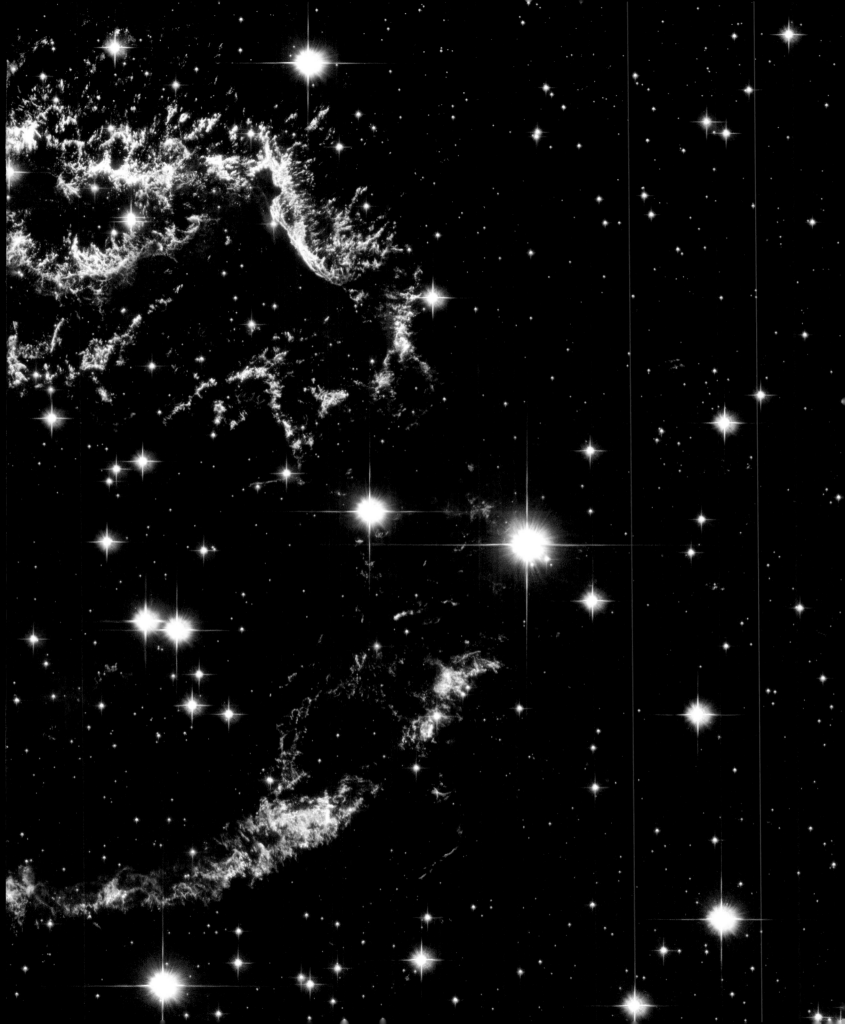

巨大的氣泡

2005 年 1 月

右頁：這是哈伯 ACS 高解析相機拍攝的可見光與近紅外線合成影像，顯示紅巨星 U Cam 周圍由氣體和塵埃組成的巨大球形氣泡。這張照片經由中央恆星的嚴重過度曝光，來突顯周圍暗得多的氣泡細節。

另一個碳星（見第 96 頁「螺旋星雲」）的精采例子，是稱為 U Cam（U Camelopardalis）的冷紅巨星，離地球約 1500 光年，位於天空中靠近天球北極的鹿豹座（Camelopardalis，即長頸鹿）。U Cam 與許多接近生命終點的紅巨星一樣，正處於穩定的氫燃燒階段，偶爾會發生脈動，將恆星的外層大氣驅散到周圍的太空中。

地面望遠鏡和哈伯的影像中顯示，在相對近期（可能僅 700 或 800 年前）的某一次脈動中，U Cam 噴出一個由氣體和塵埃組成、接近球形的薄外殼，接著慢慢膨脹成一個超過 4000 個天文單位（Astronomical Units，簡稱 AU，即地球和太陽之間的平均距離）的纖細氣泡。根據恆星演化模型和對其他碳星的觀察，U Cam 很有可能每隔幾千年就會冒出這樣的氣泡，並且還在持續這樣下去，直到它的氫燃料完全耗盡為止，之後會開始在內部深處進行氦的核融合。

U Cam 和其他碳星偶爾會噴出這樣的氣泡，因為恆星內部的氫開始耗盡時，外殼層就會發生短暫的「氦閃」（helium flash）。當氦的豐度和壓力逐漸增加，最後會導致恆星核心的外圍殼層產生氦核融合，這時就會發出這種強烈閃光，恆星溫度也變得更熱，溫度上升時尺寸會膨脹，接著翻攪出在恆星深處形成的元素（例如碳），以降低內部的壓力並停止氦核融合。然而在膨脹過程中，大量的質量會迅速流散到太空中。恆星大部分的原始大氣會在反覆的外殼層氦閃中消失，最終，殘骸就變成一顆熾熱的白矮星（見第 124 頁）。

這些超新星殘骸發出的強烈紫外線輻射，可以游離周圍的氣體和塵埃，導致先前被吹走的暗淡恆星外層氣體發出行星狀星雲的美麗色彩。恆星這種在外殼層的氦閃事件，會把產生的碳灰和其他重元素「播種」到星際空間當中，成為巨大分子雲的原料，而某些分子雲會坍縮成新一代的恆星，恆星再經由內部的核融合或是死亡時的爆炸，產生更重的元素。

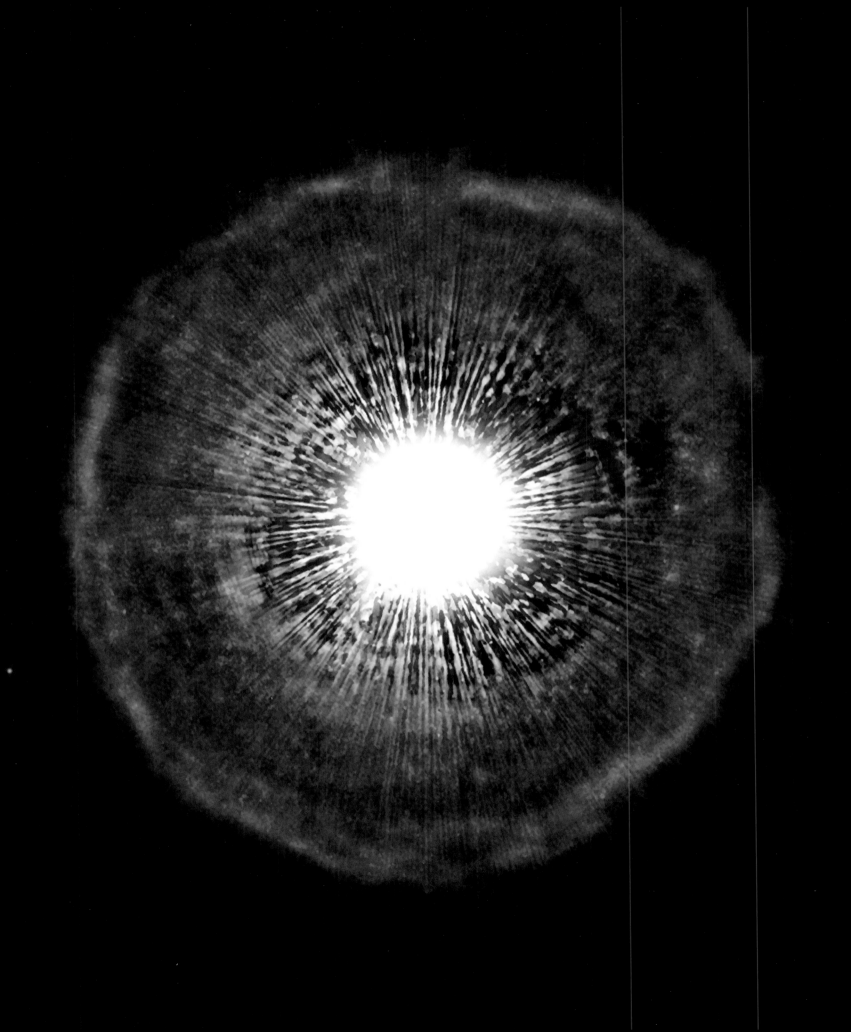

純粹球狀

2006 年 5 月

和很多別的星系一樣，我們的銀河系周圍環繞著許多密密麻麻聚集在一起的恆星群，因為形狀近似球形，所以稱為「球狀星團」（globular clusters）。每個球狀星團都由數以百萬計的恆星組成，這些恆星圍繞著它們共同的質心運行，星團則是全體繞著整個星系的質心運行。球狀星團是宇宙中恆星之間距離最近的群體之一。

這個星團名為梅西耶 9 號（Messier 9，簡稱 M9），於 1764 年由法國天文學家查爾斯‧梅西耶（Charles Messier）首次發現。在他著名的「星雲和星團目錄」（Catalogue of Nebulae and Star Clusters）中，M9 是 110 個非恆星天體的第九個。梅西耶那時的望遠鏡技術只能將這類天體看成為天空中的污漬，因此他把這個星團歸類為星雲（nebula，拉丁文「雲」的意思）。18 世紀後期的天文學家開始能分辨出一些離星團中心比較遠的恆星，顯示它實際上是一個緊密聚集的星團。如今哈伯太空望遠鏡的優異解析度更可以辨識出從星團外圍直到中心的個別恆星。

M9 距離地球大約 2 萬 5000 光年，靠近銀河系的中心。從哈伯影像中可以單獨識別出星團中出超過 25 萬顆的恆星，整個星團的總亮度大約是太陽的 12 萬倍。儘管如此，由於這個星團距離我們的太陽系很遠，且在天空中的視角直徑相對較小（大約是滿月的三分之一），因此 M9 無法用肉眼看到──至少需要透過小型望遠鏡。

和大多數球狀星團的恆星一樣，M9 的恆星也很古老，估計大約是超過 120 億年前的宇宙第一代恆星組成的。這些所謂的「第二星族」（Population II）恆星，跟我們太陽這種「第一星族」（Population I）的年輕恆星組成非常不同。明確說來，第二星族的恆星幾乎完全由氫、氦等輕元素組成，這些元素形成於大爆炸和宇宙成長的最初階段。第二星族的恆星缺乏了較近期的第一星族恆星所含的碳、氧、鐵等較重的元素，因為只有在年老恆星死亡時的超新星爆炸，或其他走到生命末期出現的劇烈變動中，才能形成這些重元素並噴散到太空之中。

這幅哈伯 ACS 拍攝的 M9 球狀星團攝於 2006 年 5 月 31 日，由藍色、綠色和近紅外線影像合成。哈伯的解析力連星團中心的個別恆星都能識別出來，圖中顏色較紅的是較冷的恆星，較藍的代表較熱的恆星。

宇宙珍珠

2006 年 12 月

1987 年 2 月下旬，世界各地的天文學家都記錄到一顆突然出現在大麥哲倫星系（Large Magellanic Cloud，一個繞行銀河系的小星系）中的明亮恆星，後來命名為超新星 1987A（SN 1987A）。它迅速成為天空中最亮的幾百顆恆星之一，過了幾個月就慢慢消失在夜空背景中。SN 1987A 距離地球約 16 萬 8000 光年，是自 1604 年觀測到「克卜勒超新星」（Kepler's Supernova）以來，距離我們最近的恆星爆炸事件，也是我們第一次有機會利用現代儀器，來詳細研究恆星死亡時的激烈反應。

　　哈伯太空望遠鏡上的儀器，就是研究這種稀有自然現象的利器。SN 1987A 爆炸前是一顆暗淡的藍巨星，在哈伯發射升空之前就發生超新星爆炸，但後續效應仍持續存在，並隨著時間而變化。這對研究衝擊波對星際間氣體的影響、以及新元素在恆星爆炸中的生成，提供了一個獨一無二的窗口。

　　這個天體在超新星爆炸之前是一顆大質量恆星（可能是太陽質量的 20 倍），研究認為它經歷過典型恆星生命周期的晚期，包括在成為紅巨星的過程中將大量的物質釋放到周圍環境中，接著再變成藍超巨星，這段演變史的證據非常戲劇化地出現在爆炸後幾年拍攝的哈伯影像中。超新星爆炸時產生的衝擊波，穿過了數萬年前恆星在巨星時期所釋放的氣體和塵埃層，並且加熱和游離了這些恆星周圍物質，導致這一團團的物質被「點亮」，成為一連串明亮的圓點。這些亮點位於以爆炸位置為中心、直徑約 1 光年的亮環之內。哈伯一直在持續觀察這個亮環被衝擊波益發深入地穿透周圍氣體和塵埃而發亮的過程。

　　在某個時刻，這顆藍巨星的核心密度變得非常高，進而造成中心猛烈坍塌，釋放出大量的能量，最後導致這顆恆星的死亡，同時發生超新星爆炸（雖然這個觸發事件的為何仍然有很多爭論）而在地球上觀測到。科學家預測像這種大質量恆星爆炸後，中央應該會發現緻密天體，但令人費解的是，不論是哈伯望遠鏡或是其他天文臺，都沒有在光譜的判斷區域中觀測到緻密的恆星殘骸（例如中子星，這是一種超小、密度超高的中央恆星，其質子和電子被剝離，只剩下中子）。SN 1987A 的殘餘物質預估將在未來數十年持續發光和演變，而故事未完待續。

哈伯 ACS 拍攝的超新星 1987A 假色照片，顯示環形殘骸正在不斷擴張。這是近 400 年來距離太陽系最近的一次大規模恆星爆炸。

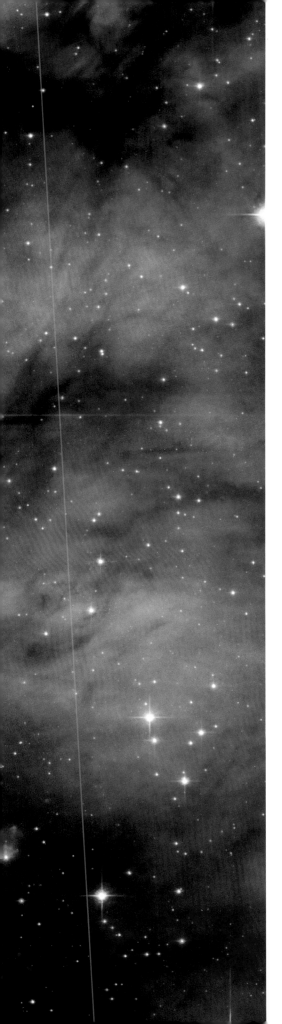

猛獁星：
演化得快，消亡得也早

2008 年 11 月

恆星的大小、質量和亮度的上限是多少？天文學家已經了解到，比我們太陽的規模和質量大得多的恆星，壽命會較短，而且死亡的場面通常也很壯觀（見第104 頁「宇宙珍珠」）。但是它們在災難式地終結生命之前，能成長到多大？

　　天文學家尋找最大和最明亮恆星的方法之一，就是尋找附近被恆星照亮和加熱的氣體和塵埃雲。船底座星雲（Carina Nebula）是天空中這類天體中最大的一個，它是一個由氣體和塵埃組成的巨大恆星形成區，所覆蓋的南方天區面積是滿月的 16 倍以上。船底座星雲本身就很大（寬約 500 光年），又因為距離我們太陽系大約只有 8500 光年，所以在夜空中跨越了很大一片區域。哈伯和其他天文臺對船底座星雲中明亮的恆星進行詳細研究，已經明確辦認出兩顆恆星，名為 WR25 和 Tr16-244，星雲的部分區域就是被這兩顆超級熾熱的恆星所照亮。

　　WR25 是一顆年輕（只有幾百萬歲）的超巨星，也是全銀河系最明亮的恆星之一，亮度是太陽的 150 萬至 600 萬倍。之所以無法確定精準的亮度，有部分原因和它深埋在氣體和塵埃星雲中導致亮度減弱有關。WR25 和另一顆超熱、超亮的年輕恆星 Tr16-244，都是 Trumpler-16 這個年輕星團的成員。這些熾熱的年輕恆星在光譜的紫外線波段釋放出巨大的能量，加熱並游離周圍正在演化成恆星幼苗的氣體和塵埃，並創造出船底座星雲壯觀的顏色和結構。這也是為什麼哈伯在研究這些星雲上是這麼重要的工具，因為我們無法從地球表面上進行紫外線觀測。

　　從高解析度影像（特別是來自哈伯的）可看出，WR25 屬於一個雙星系統，Tr16-244 則是屬於三星系統。根據大規模的觀測資料，這種大質量的多星系統，在像 Trumpler-16 這樣年輕的緻密星團中是很典型的。多星系統中的恆星相互繞行，且伴星之間的恆星物質彼此交換，這可能是造成這類恆星演化和最終消亡的重要關鍵。像 WR25 和 Tr16-244 這樣的巨大恆星演化速度很快，也很早就步入死亡，因此研究起來很有挑戰性，但也是了解恆星演化細節的重要標竿。

哈伯 ACS 拍攝的藍色、綠色和紅外線合成影像，圖中心最亮的那顆是大質量恆星WR25，在 WR25 的左上角第三亮的那顆是 Tr16-244，這兩顆星位於南半球船底座的Trumpler-16 星團。中央左側那顆紅色亮星離地球更近，和星團中的其他恆星沒有關聯。

藏在塵埃與氣體中的年輕恆星

2009 年 3 月

當巨大的氣體和塵埃雲因為自身的重力而開始緩慢縮小和壓縮，在中心形成緻密的區域，其中高壓和高溫的條件足以引發核融合反應時，恆星就會形成。各種型態的「原恆星」（protostar，是恆星全面進入氫核融合反應之前的狀態）隨著「原恆星雲」（protostellar cloud）的演化而出現。金牛 T 星（T Tauri stars）是原恆星的一個重要類型；因為第一顆被詳細研究的這類原恆星是在金牛座發現的，所以以此星座命名。

金牛 T 星是年輕的星體（年齡可能在 1000 萬歲以內），在仍在收縮的巨大分子雲中形成。金牛 T 星也是一種變星，雖然中心溫度太低，不足以引發核融合反應，但是仍然從雲氣的重力收縮中釋放出大量的能量和輻射。金牛 T 星發出的 X 射線和電波能量是太陽的 1000 倍以上，而且會吹出強大的「恆星風」（stellar winds）將高能粒子噴射到周圍環境中。在經歷了大約 1 億年如此暴烈的青春期之後，金牛 T 星通常會進入一個比較平和的恆星生命周期，就像我們的太陽一樣，成為一顆典型的「主序星」（main sequence star）。

哈伯非常詳細地觀察了許多金牛 T 星及其周圍環境，提供了我們很多關於太陽這種恆星在初生時期的豐富訊息。一個絕佳的例子就是哈伯拍攝的恆星天鵝座 V1331（V1331 Cygni），這是一個位於北半球天鵝座（Cygnus）、距離地球約 1800 光年的年輕星體。天鵝座 V1331 目前仍在形成中，仍被形成過程殘餘的巨大圓盤狀氣體和塵埃雲包圍。然而，我們很幸運能以俯視天鵝座 V1331 其中一個極區的角度來觀測它，因為隨著它強大的磁場而流出的一股氣體，把周圍的氣體和塵埃清空，使我們得以清楚地看見恆星本身（見第 114 頁「太空間歇泉」）。其他的金牛 T 星大多是看不見的，因為我們看到的是恆星圓盤的側邊，這個方向的視野因為被恆星周圍塌縮的氣體和塵埃遮擋，發出的光較暗淡。

哈伯多年來的高解析影像顯示了天鵝座 V1331 周圍圓盤內的圓弧和團塊的長期變化。若持續觀測下去，未來有一天可能會看見更小的天體——行星——在那個年輕的恆星系統中形成的證據。

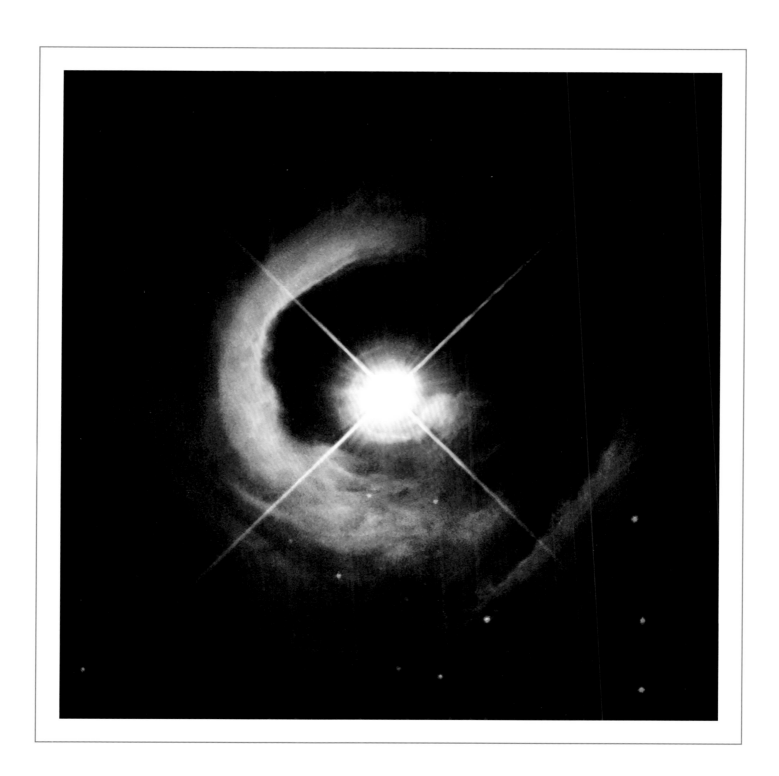

巨大的半人馬座 ω

2009 年 7 月

半人馬座 ω 是最亮、最大——也因此是最著名的——球狀星團（見第 103 頁）之一。
半人馬座 ω 位於南半球的半人馬座，距離我們約 1 萬 7000 光年，由將近 1000 萬顆
恆星組成，在天空中占據的角直徑幾乎與滿月相同。在黑暗的鄉間夜晚用肉眼就可以
看見。半人馬座 ω 的總質量大約是太陽質量的 400 萬倍，是銀河系大約 150 個球狀
星團中質量最大的。假設有居民住在這個星團內的任何行星上，他們看到的夜空會比
在地球上看到的亮一百倍以上。

　　有很多球狀星團的恆星成員基本上質量和年齡都差不多，因為都是從相同的原
始（巨大）氣體和塵埃雲中形成的。但半人馬座 ω 並非如此，哈伯的高解析影像顯
示它包含了各種顏色的恆星，表示這些恆星各有不同的大小和年齡。白色和黃色的
恆星通常是中年恆星，質量與我們的太陽沒有太大區別；亮藍色恆星是年老的、巨

大的熾熱恆星，正邁向猛烈的（爆炸性的）生命終點；亮紅色恆星是較冷、質量較小的巨星，它們臨終的場面會比較溫和；而暗紅色恆星則是溫度更低的矮星，未來只會繼續燃燒氫。

半人馬座 ω 星團中的許多恆星都很古老，年齡在 10 到 120 億年之間，可追溯到宇宙最初的幾十億年。從這一點，再加上星團中有相對年輕（類太陽）的恆星，天文學家認為半人馬座 ω 是一個小型矮星系的古老殘留物，這個小星系在很久以前被銀河系的重力撕裂，當中的氣體、塵埃和許多恆星從那個推論中的前星系裡分離出來，留下一群密集、且各種年齡混合在一起的恆星。

哈伯能辨識出星團中的單一顆恆星，並測定它們隨著時間的的相對運動。這樣的觀測結果引起了重大的爭論，因為有些用以解釋那些恆星運動的論述，等於指出半人馬座 ω 的中心，有一個質量是太陽的 1 萬多倍的黑洞（黑洞一種非常大的恆星，連光都無法從中逃出；見第 154 頁「來自怪物黑洞的凝視」），但這個假設和其他觀測結果的解釋並不一致。未來可能需要以更高解析度的儀器來觀測半人馬座 ω 中恆星隨時間的運動，才能解決這個爭論。

哈伯 ACS 相機廣域頻道拍攝的球狀星團半人馬座 ω 核心區的彩色合成影像。哈伯從 2002 年到 2009 年拍攝了一連串這個星團的照片，以追蹤恆星隨著時間的相對運動，並尋找星團中心存在黑洞的證據（目前仍然只得到間接證據）。

變星：
來自銀河系外的燭光

2010 年 3 月

雖然大多數恆星的總亮度（光度）在漫長的一生中都是以可預測的方式緩慢變化，但有一些恆星同時還會在短時間內發生劇烈變化。這些「變星」（variable star）令天文學家非常關注，因為它們的亮度變化往往能提供重要資訊，用來深入了解恆星內部的物理特性和整體的恆星演化過程。

然而，有一類變星提供了全然不同、極其重要，也是天文學家亟於了解的訊息：距離。「造父變星」（Cepheid variables）以恆星「造父一」（Delta Cephei）來命名，因為它是第一顆被詳細研究的這類變星，當時是 18 世紀；這種恆星處於內部氫燃燒快要結束的階段，以非常規律、可預測的周期產生脈動，就像鐘擺的擺動一樣。但更重要的是，哈佛大學天文學研究員亨麗埃塔·史旺·勒維特（Henrietta Swan Leavitt）和她的同事在 20 世紀初發現，造父變星的光度與脈動周期成正比。

也就是說，如果能觀測到任何已知的造父變星，測量它變亮、變暗、再變亮到原來光度所花的時間，就可以知道這顆恆星的內秉光度。比對這個光度與從地球觀察到的亮度（會隨著與我們的距離平方而減小），就可以得到那顆恆星的距離。天文學家通常稱造父變星為「標準燭光」（standard candle），因為它們提供了已知的亮度標準，可以藉此用比例關係來估計天體的絕對距離。

哈伯觀測了許多造父變星，作為繪製宇宙大小的一種方式。船尾座 RS（RS Puppis）就是一個例子，這顆標準的造父變星離我們很近，大約只有 6500 光年，脈動周期約 40 天。在以哈伯影像製作的迴光縮時動畫中，脈動星的光就是穿過船尾座 RS 的黑暗氣體和塵埃雲反射出來。

在其他星系中還觀測到能量更強的造父變星，是最早用來估計其他星系距離的可靠方法，也是宇宙廣闊尺度的最早證據。哈伯傑出的解析度和準確性，不僅能夠非常精確地記錄造父變星的周期變化特徵，也可以偵測到宇宙中最遠的造父變星，進而大幅拓展了我們對銀河系外天體絕對距離的了解。

南半球變星船尾座 RS 的哈伯 ACS 可見光波段合成影像，它是地球所見最亮的造父變星。船尾座 RS 比我們的太陽大 200 倍，光度大約是太陽的 1 萬 5000 倍，周圍的氣體和塵埃星雲反射了它所發出的光。

太空間歇泉：
青春期的雲霧

2011 年 4 月

宇宙是很狂暴的，隨時都在發生恆星爆炸、星系碰撞、黑洞合併等等天文物理事件，釋放出大量的能量和輻射到周圍的太空中。當然，恆星是目前觀測過最活躍的天文物理事件的主要來源——不僅是垂死的恆星，還有新生的恆星。

事實上，有一類在劇烈環境中產生的天體就與某些新生恆星有關，稱為赫比格－哈羅天體（Herbig-Haro Objects），由最早詳細研究這種天體的天文學家命名。赫比格－哈羅天體是從年輕恆星中高速噴出的游離化氣體亂流形成的斑塊。那些剛生成的年輕恆星仍被厚厚的星雲包圍，當高速的游離氣體與星雲中的氣體和塵埃碰撞時，可能加熱和游離星雲中的物質，在年輕恆星附近產生五顏六色、動態十足的星雲狀物質。

哈伯以卓越的空間解析力和攝譜能力，已經觀測了 500 多個已知的赫比格－哈羅天體並提供重要的新見解。一個最佳的例子就是哈伯 WFC3 拍攝的 HH 110，這是獵戶座星雲附近一顆新生恆星噴出的熱氣體間歇泉，離我們大約 1500 光年；這顆恆星本身仍然大部分籠罩在形成它的原始濃密氣體和塵埃雲中。

新恆星從塌縮的氣體和塵埃雲中形成時，像 HH 110 這樣的噴流結構就會出現。雖然形成這些噴流的確切過程尚未完全了解，但基本模型的假設是，星雲狀物質流入新形成的中央恆星，接著被年輕恆星產生的強烈磁場偏轉並加速到高速。恆星的磁力線集中在極區，因此受到加熱並加速的氣體和塵埃被「對準」（聚焦或對齊）成為狹窄緊密的噴流，離開恆星而去。許多赫比格－哈羅天體以雙極噴流的形式出現，從恆星的北極和南極流出。但 HH 110 是罕見的例子，只能看見一側的噴流從新生恆星中流出。（另一側的噴流若不是隱藏在周圍星雲中，可能就是與鄰近的另一個赫比格－哈羅天體有關聯，造成某一側的噴流被周圍的星雲扯散。）

像 HH 110 這樣的天體只是短暫存在，可能僅持續數萬年，而且變化很快。因此，哈伯的解析度讓我們能夠追蹤這些隨時間演化的特徵，並為早期恆星形成的過程提供新的解釋。

哈伯WFC3拍攝的赫比格－哈羅天體HH 110，這是一個從新生恆星中流出的熱氣體間歇泉。觀測日期是2011年4月25日，利用近紅外線濾鏡來讓熱氣體、附近的星雲塵埃以及背景恆星與星系之間的對比最大化。

黑洞恆星

2006 年 3 月 – 2014 年 1 月

並非所有球狀星團的恆星都密實地擠在中央核心區（見第 103 頁）。有些星團，例如位於南半球船帆座（Vela）的 NGC 3201，它的數十萬顆恆星圍繞著一個共同的質心運行，但分布範圍比其他星團廣得多。NGC 3201 離我們大約 1 萬 6000 光年，恆星的總質量是太陽的 25 萬倍以上，它提供了我們獨特的資訊來了解為什麼某些星團的形成和演化與其他星團不同。

NGC 3201 是銀河系中大約 150 個球狀星團中的一個，這些球狀星團在重力的束縛下繞著銀河系中心運轉。NGC 3201 和其他大多數星團一樣由古老的恆星組成，年齡可能超過 100 億年，相當於超過 75% 的宇宙年齡。但 NGC 3201 是個特立獨行的星團，它繞行銀河系的速度比其他星團快得多，而且繞行方向幾乎和其他所有星團都相反。這樣的特性代表這個星團有獨特的起源或歷史。

有天文學家假設 NGC 3201 可能完全是在銀河系外獨立形成的，後來才被銀河系的重力捕獲。這個假設有一個問題是，NGC 3201 中恆星的化學成分與繞行銀河系的其他球狀星團大致相似，代表它們都在相似的環境中形成，並且都和銀河系有關。因此還是不清楚是什麼原因造成 NGC 3201 不尋常的速度和繞行方向。

哈伯的高解析力，結合地面天文臺的成像和攝譜設備，已開始慢慢找出關於 NGC 3201 的重要線索。例如哈伯和地面望遠鏡幾十年來針對某些個別恆星的運動進行觀測，已發現證據顯示這個星團的恆星之中至少有一個黑洞——這是第一次在球狀星團內發現這樣的直接證據。

球狀星團 NGC 3201 還有許多神祕而驚人的性質，目前成因仍不清楚，因此仍需哈伯和其他地面與太空天文臺的後續觀測，才能解開這些謎團。

哈伯利用ACS加WFC3的組合拍下的古老球狀星團NGC 3201，這幅彩色合成影像結合了2006年3月至2014 年1月間拍攝、從紫外線到近紅外線的多波段濾鏡照片。NGC 3201位於南半球的船帆座，亮度太暗無法用肉眼看見。

青春火熱的新星

2015 年 5 月

銀河系中心熱鬧非凡，我們知道它和大多數星系一樣，中央有一個超大質量黑洞（超過太陽質量的 400 萬倍；見第 154 頁）。地面儀器和哈伯望遠鏡的高解析度影像，已經能揭露黑洞附近的天體繞著銀河系中心黑洞運行的的細節。其中包括三個密度極高且緻密的年輕星團。

其中一個星團稱為圓拱星團（Arches cluster，位於人馬座），包含大約 150 顆全銀河系最亮的大質量恆星（另有數千顆質量較小的恆星）。儘管亮度可觀，但圓拱星團在地球上無法用肉眼看見，因為銀河系中心附近的密集氣體和塵埃把它大半掩蓋住了。圓拱星團裡的恆星比銀河系其他地方的恆星都聚集得更緊密，如果把那樣極度靠近的恆星密度放到我們自己的太陽周圍，相當於在

太陽和南門二（Alpha Centauri）之間擠了超過 10 萬顆恆星；南門二是離我們最近的恆星，距離只有 4.4 光年。

在圓拱星團的行星上，可以欣賞到壯麗明亮、擠滿了星星的夜空，但這裡的行星大概不會有任何居民——就算有，從天文的尺度來看，也不會繼續存活太久。這個星團中大多數的恆星都非常年輕（只有幾百萬歲或不到），它們強烈的光度在短短幾百萬年內就會把氫燃料燃燒殆盡。如此熾熱的大質量恆星，注定會在壯觀的超新星爆炸中死亡，並把氣體、塵埃和較重的元素散播到恆星周圍的環境中，繼續形成炙熱的年輕新星。

但圓拱星團以及它位於銀河系中心附近的鄰居：五合星團（Quintuplet cluster）和中央星團（Central clusters），不太有機會再生成多少世代的新恆星。因為圓拱星團距離銀河系中央的超大質量黑洞「人馬座 A*」（Sagittarius-A*）只有大約 100 光年。在這麼近的距離下，星團中的恆星與黑洞之間的重力交互作用可能在 1000 萬年內就會把這三個星團撕裂。

上：哈伯用 ACS 拍攝的圓拱星團近紅外線假色合成照片。圓拱星團離地球約 2 萬 5000 光年，非常靠近銀河系中心，也是銀河系中心附近三個年輕的大質量星團之一，這一區是已知宇宙中單位體積恆星數量最多的星團。

左頁：這張哈伯 WFC3 假色拼貼照片，顯示了銀河系中心深處數百萬顆恆星的分布情形。這個中心區域離我們約 2 萬 7000 光年，恆星密度極高，就像在太陽和離我們最近的鄰居「南門二」之間塞進 100 萬顆恆星一樣。深埋在這個密集星團正中央的，是一個質量估計有太陽 400 萬倍的黑洞。

星雲

創生之柱

1995 年 4 月

有些照片的名氣之大,已經成為和攝影者密不可分的標誌。例如安瑟·亞當斯(Ansel Adams)拍攝的半穹頂,或是安妮·萊柏維茲(Annie Leibovitz)拍攝的約翰和洋子。如果要幫哈伯選出一幅代表作,肯定就是這一張,這是巨蛇座中老鷹星雲(Eagle Nebula)裡高聳的氣體和塵埃柱。這個景象不但震撼人心、絢麗多彩、構圖優美,且充滿科學重要性和意義,因此特別為這張照片取了名字,叫做「創生之柱」(The Pillars of Creation)。

老鷹星雲是規模不大且相對暗淡(肉眼幾乎看不到)的天體,在 18 世紀中葉第一次經由望遠鏡觀測到。它有一個顯著的特徵在早期觀測時就已發現,那就是星雲內有幾片黑暗的陰影,與背景明亮的紅白色氣體、和眾多的亮藍色、白色和紅色恆星形成鮮明的對比。這團星雲狀物質實際上與一個較鬆散的星團有關,星團中有大約 8000 多顆處於不同形成和演化階段的恆星。

其中一片黑暗陰影,在以前只被當作星雲中的一塊黑斑,而現在哈伯優異的解析度能夠以更銳利、更富戲劇性的清晰畫質將它呈現出來。那些宛如石筍般從陰森洞穴底部升起的柱子,是低溫的星際氫氣和富含碳元素的塵埃,從其餘分子雲的內壁伸出大約 2 到 4 光年的長度。星雲內的附近區域有剛形成的炙熱年輕恆星(位於照片上緣之外)發出強烈的紫外線輻射和恆星風,因而雕鑿、形塑出這些柱子的三維蛇形輪廓。靠近柱子尖端那些密度較高的氣體和塵埃,有點像溪流中的岩石,保護了「下游」處的氣體和塵埃不被強烈的恆星風吹蝕掉。

「創生」很適合用來描述銀河系這一帶的環境。陰暗的分子雲包含了前幾代老恆星的殘骸,這些會成為新恆星的組成材料。幾乎可以肯定的是,大多數深埋在這些柱子或星雲裡其他地方的新生恆星,周圍的氣體和塵埃都有一小部分會凝結成岩石和冰,但沒有掉入恆星之中,而是創造出新的行星,進而成為潛在的新生命棲息地。

第120-121頁:這張壯觀的哈伯WFC3照片展示了一部分的礁湖星雲(Lagoon Nebula,也稱M8,本書封面照片),這是一個位於人馬座、距離地球4000光年的巨大恆星生成區。大部分的恆星活動都集中在這個假色合成影像中青色的部分,其中有一顆名為赫歇爾36(Herschel 36)的強大年輕恆星(比我們的太陽還要亮20萬倍以上)正在從孕育它的繭中爆發出來。它發出的強大紫外線輻射和高速恆星風,游離且吹蝕了周圍的氣體和塵埃。

右頁:哈伯WFPC2拍攝的老鷹星雲假色照片。老鷹星雲是梅西耶16號天體(Messier 16),位於巨蛇座附近的恆星形成區,距離我們大約6500光年。這張彩色合成影像的光來自游離的硫(紅色)、氫(綠色)和二次游離的氧(藍色)。

沙漏星雲

1995 年 7 月

哈伯持續提升的解析度和靈敏度，能揭露遙遠天體的複雜細節，讓天文學家釐清它們的起源和演化史。例如，哈伯拍攝的行星狀星雲展示出地面望遠鏡從未觀測到的細節，讓科學家得以了解這些美麗結構的物理特性並且建立模型。

以 MyCn 18 星雲為例，過去拍攝的解析度都很差，哈伯的照片才讓我們看出星雲中央的恆星殘餘物質周圍結構是令人驚訝且優雅的沙漏狀。此後 MyCn 18 就稱為沙漏星雲（Hourglass Nebula），它是一顆正在步入死亡的的類太陽恆星，哈伯的資料顯示了這顆恆星周圍發光殘骸的細微物理和組成特徵。

質量與太陽差不多的一般恆星，在老年即將耗盡氫燃料時可能會開始產生脈動，並急劇膨脹成為紅巨星。在這個過程中，恆星會把大量的氣體和塵埃從外部大氣層拋到周圍的太空中。一旦氫全部用完，某些恆星就會收縮成熾熱的白矮星，接著這些恆星殘骸發出的高能量輻射會使周圍的氣體和塵埃游離，導致先前脫離的外層大氣發光，形成壯觀多彩的結構。天文學家稱這樣的結構為行星狀星雲，雖然它和行星沒有任何關係。大約 50 億年後，我們的太陽也會開始膨脹並拋掉外層大氣，走上同樣的路。

但是，這顆恆星的殘骸為什麼會變成沙漏狀，星雲壁上還有細微的弧形圖案？有天文學家透過理論推導，指出若星雲在恆星赤道軸附近的密度比在極軸的密度更大，當快速的恆星風流過，因為雲氣在高緯度地區能夠擴張得更多，就可能產生沙漏狀的圖案。

然而，哈伯照片所顯示的星雲細節，並不完全符合這個理論模型。例如，中央的熾熱恆星偏離了沙漏的對稱中心，且在更靠近恆星的周圍星雲深處還存在第二個較小的沙漏結構。迄今，還沒有出現一個特別的說法來解釋沙漏環壁上的弧形圖案，有一個有趣的假設——中央恆星有一顆看不見、但會造成顯著重力影響的伴星——還在詳細研究中。

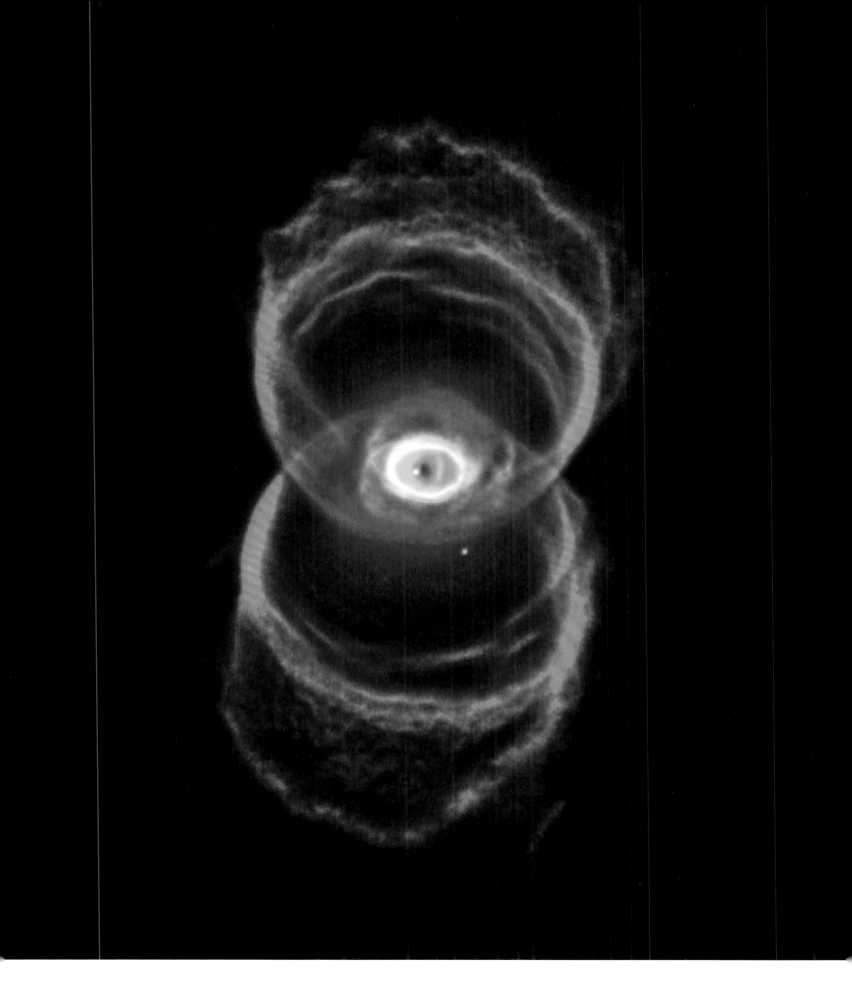

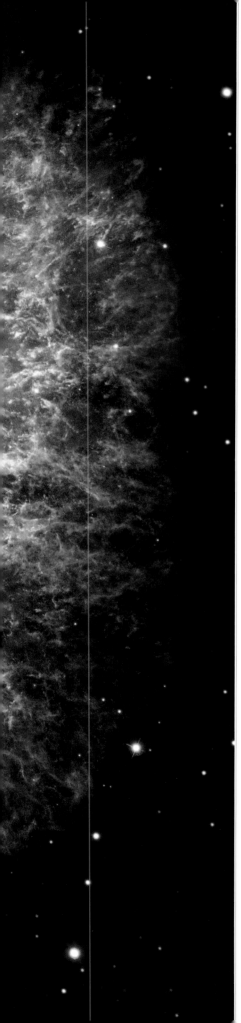

蟹狀星雲

1999 年 10 月

公元 1054 年夏天，中國和日本的天文學家注意到夜空中，在西方星座金牛座的方向，出現了一顆明亮的新「客星」。除了太陽和月亮之外，這顆星比天空中的所有東西都亮，甚至連續幾好幾個月在白天的空中都能看見，一直到幾年後才慢慢變暗到肉眼不可見。當時的人不知道的是，他們正觀察到了歷史上第一次的超新星爆炸：一顆大質量恆星的激烈死亡事件。

在 18 世紀早期至中葉，第一個用望遠鏡觀測到的星雲，恰巧就與這顆 1054 客星在同一個位置。到了 20 世紀初，第一次對這個星雲進行光譜觀測，發現它正在膨脹。往回推算，天文學家計算出這個星雲大概是在那之前 900 年形成的。這個在 1840 年因為形狀而命名為「蟹狀星雲」（The Crab）的星雲，與客星 1054 之間的關聯並非巧合：星雲與客星是在同一個事件中形成的。直到 20 世紀中葉，我們終於了解恆星的生命周期之後，才意識到那顆在白天可以看到的客星是超新星：一顆大質量恆星在耗盡了核融合燃料後，向內塌縮並劇烈爆炸。蟹狀星雲就是那次爆炸的殘骸，目前仍在擴張中，大小約 11 光年。

蟹狀星雲很大，而且離我們很近（大約只有 6500 光年），它的長軸跨越天空的大小相當於滿月的四分之一。哈伯在 1999 年和 2000 年以多個濾鏡拍攝了數百張蟹狀星雲的影像，合成出有史以來最高解析度的蟹狀星雲照片。橙色的氣體絲狀結構代表的是富含氫的前身恆星（估計質量是太陽的八到十倍）殘骸，內部發出的藍色光則是中央恆星爆炸後發生游離的殘餘氣體。

恆星爆炸之後殘存的是超高密度的核心（直徑可能只有 30 公里，卻有太陽的質量），每秒自轉 30 次，發射強大的伽馬射線、X 射線和電波脈衝。蟹狀星雲的中央星是最早被發現的「脈衝星」（pulsars）之一，脈衝星是快速旋轉的中子星，磁場強大，會把輻射集中成像燈塔一樣的狹窄光束，掃過天空。

蟹狀星雲的哈伯WFPC2假色照片。蟹狀星雲是在公元1054年爆炸的超新星殘骸。這張彩色圖片是由1999年10月透過多個濾鏡拍攝的單張影像合成的，使用的濾鏡可以分別偵測游離的硫（紅色）、中性氧（綠色）和二次游離的氧（藍色）。

小丑臉星雲

2000 年 1 月

哈伯和其他天文臺拍攝出來的行星狀星雲有各式各樣的大小、形狀和顏色，其間的變化，反映了作為行星狀星雲前身的類太陽恆星的組成成分（因為這些星雲就是當初恆星成為紅巨星時拋出去的氣體和塵埃），同時也顯示了後來留下的白矮星的活躍程度。

大多數行星狀星雲有一項共同屬性，就是基本上都是圓的，因為上一階段的紅巨星是以大致呈球形的狀態擴張、拋去外殼。有些行星狀星雲有多層的球殼，表示它是分批把質量拋入太空。這些球形結構有時也會因為星雲中心的白矮星發出的恆星風，而扭曲成其他形狀（見第 124 頁「沙漏星雲」）。

哈伯拍攝的另一個著名行星狀星雲是愛斯基摩星雲（Eskimo Nebula），或稱小丑臉星雲（Clownface Nebula），影像中顯示出獨特的新結構，可能與星雲生成和演化時所處的特殊環境有關。這個星雲在 18 世紀後期由天文學家威廉·赫歇爾（William Herschel，天王星的發現者）發現，它的球形特徵早已為人所知，後來地面望遠鏡的資料改善了星雲形態的影像，但要研究其中的細節，還是需要哈伯優異的解析度。

在 1999 年 12 月發現號太空梭的 3A 維護任務中，機組人員升級了哈伯許多儀器的性能之後，小丑臉星雲就是第一批觀測對象。WFPC2 拍攝的照片顯示了外面那圈「毛皮大衣」（fur parka，這也是愛斯基摩星雲名稱的由來）迷人的細節，例如從中央恆星輻射狀向外噴出、長度約 1 光年的彗星狀條紋。另外也可清楚看出中心明亮區域有好幾個被高速恆星風往外吹出的氣泡（從我們的方向看去是一個疊著一個）。

小丑臉星雲距離我們大約 5000 光年，大概在 1 萬年前形成，當時垂死的類太陽恆星開始把外層大氣拋到太空，那些物質以每小時超過 11.5 萬公里的速度遠離恆星，而今則是被高能量白矮星的恆星風以時速 150 萬公里撞擊並游離。

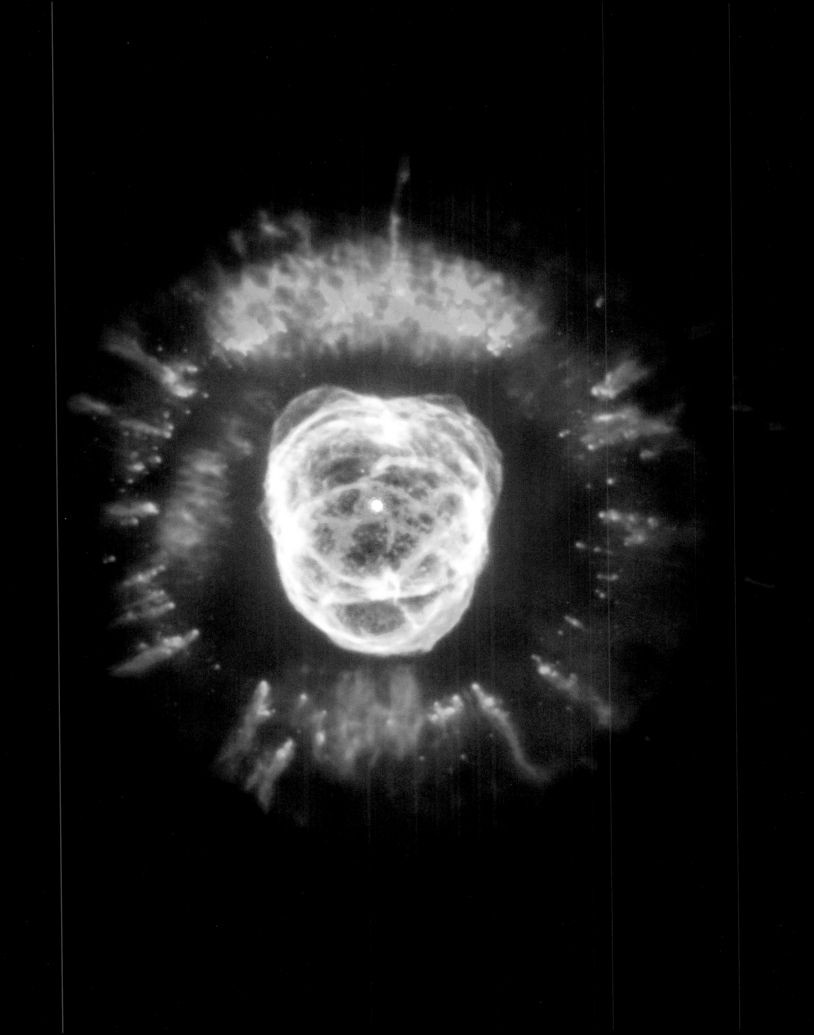

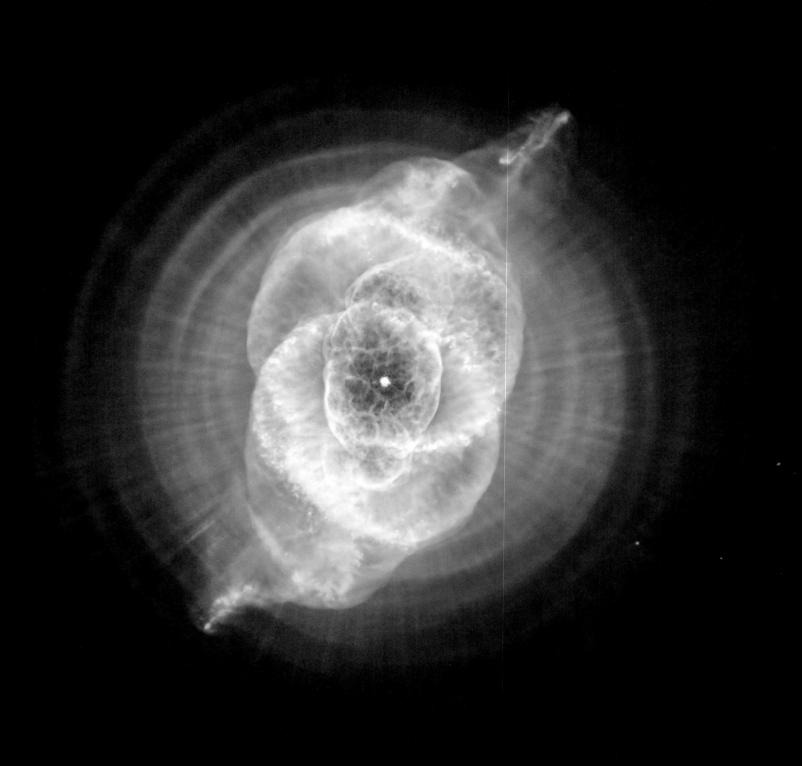

貓眼星雲

2002 年 5 月

貓眼星雲（Cat's Eye）是最早發現的行星狀星雲之一，也因此是被研究得最廣泛的星雲。天文學家威廉·赫歇爾於 1786 年首次觀測到它，以當時的望遠鏡技術，幾乎無法辨識出那團微弱雲氣，也就是所謂「星雲狀物質」（nebulosity）的細節。1864 年，貓眼星雲成為第一個進行光譜測量的星雲，它的光被分成幾十種不同的顏色，代表是由多種稀薄的游離氣體組成的。之後隨著地面望遠鏡解析度的改善，能夠解析出星雲結構中更多的細節（因此才會稱它為貓眼），但因為有了哈伯開始反覆進行高解析度觀測之後，我們才真正開始理解這個神祕的天體。

1994 年至 2012 年間，哈伯對貓眼星雲進行了數百次觀測，涵蓋了廣泛的多波段影像和光譜觀測模式，以揭露星雲隨著時間擴張的細節。貓眼星雲位於北半球天龍座（Draco），離地球約 3000 光年，它內部明亮的核心在天空所占的大小只有滿月的 1%。這是一個年輕的天體，估計形成至今大概只有 1000 年。它的細部，包括形態上的變化，都已經記錄在哈伯多年來拍攝的照片中。

例如，貓眼星雲的中心區域被一層層洋蔥狀的同心圓塵埃球殼（氣泡）包圍，這些塵埃每隔大約 1500 年從中央恆星周期性地向外噴出。高速的氣體噴流（照片中的紅橙色部分）呈輻射狀向外擴散，穿過這些外殼，在噴流產生衝擊波的地方形成結狀的氣體團塊。令人意外的是，儘管在中央恆星死亡的過程中，看起來有大量物質被排入太空，但所有星雲氣體和塵埃的總質量可能只有我們太陽質量的 1% 左右。

許多行星狀星雲看起來都是牛眼狀的同心圓外殼包圍著熾熱的中央恆星殘骸，貓眼星雲只是其中一個。關於是什麼原因造成這種形態，有許多假設，包括像我們太陽黑子一樣周期性的磁場活動、作為前身的紅巨星膨脹和收縮所產生的周期性脈動、向外流出的恆星風引起的衝擊波效應，或是雙星系統中的伴星在周期性軌道上繞著中心恆星運行。目前科學家還沒有找到任何一個答案，因此哈伯和其他天文臺還在持續尋找更多線索。

對面：哈伯的ACS／廣域相機拍攝的貓眼星雲（NGC 6543）假色照片，由多個濾鏡拍攝的影像合成，這些濾鏡分別用來偵測氮（紅色），以及兩種不同波長的二次游離氧（綠色和藍色）。

螺旋星雲（又名「上帝之眼」）

2002 年 11 月

螺旋星雲（Helix Nebula）是距離我們最近、最大、色彩最豐富、也最著名的行星狀星雲之一，編號是 NGC 7293（有時也稱為「上帝之眼」）。雖然這個星雲太暗，肉眼看不見，但它是所有行星狀星雲中最亮的，也是最早以望遠鏡發現和研究的星雲之一。螺旋星雲離我們只有大約 700 光年（位於夜空中寶瓶座的方向），在天空中展開的角度幾乎與滿月相同，因此成為利用哈伯的高解析度影像來探究的理想天體。

哈伯的照片顯示螺旋星雲有複雜的特徵和結構組合，這點和在別的行星狀星雲中看到的都不一樣。螺旋星雲的實際三維結構，並不像影像中呈現的略微拉長的甜甜圈狀，而是中央恆星被一個甜甜圈形的氣體和塵埃盤包圍，這個圓盤本身又被第二層圓盤包圍，內外兩層圓盤幾乎互相垂直。再往外，還有更多的塵埃環、氣體弧和衝擊波的前沿環繞這些特徵。外環構造有些地方是被壓扁的，表示這個星雲在銀河軌道上運行時與星際物質發生碰撞。

螺旋星雲是第一個被辨認出含有「彗星結」（cometary knots）特徵的行星狀星雲。彗星結是星雲中的氣體和塵埃團塊，游離的明亮「頭部」朝向中央恆星，由分子氣體和塵埃組成的較暗「尾部」則是以輻射狀遠離中心。彗星結並不是彗星（它的頭部和我們太陽系一樣大），但是中央恆星風把它的氣體和塵埃往外吹，這點和彗星很像。螺旋星雲的內層圓盤周圍沿線估計有超過 2 萬個這樣的彗星結。

我們尚未完全了解螺旋星雲複雜結構的起源，但有一種可能性是，星雲的中央還有一顆尚未被發現的雙星伴星，它會對系統產生強大的重力影響。其中一個氣體塵埃盤可能與垂死的中央恆星有關，而另一個圓盤可能是位於雙星運行的軌道平面上。無論起源為何，它的變化都很快速——據估計螺旋星雲目前大約只有 1 萬歲。

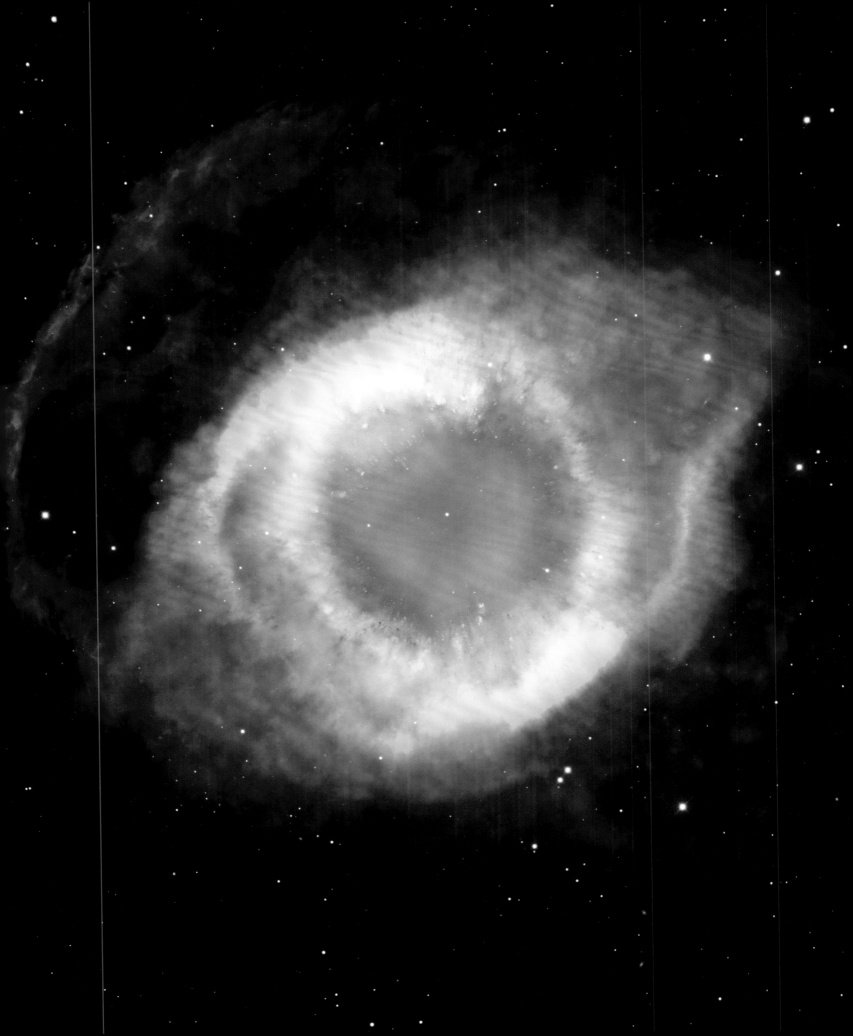

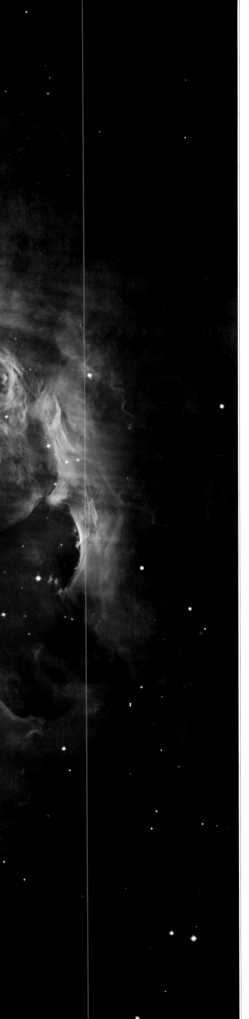

雄偉的獵戶座

2004 年 10 月

獵戶座大星雲（Great Nebula of Orion），即 M42，是夜空中最亮、最著名的星雲，離我們只有 1300 光年，是最靠近我們的大質量恆星形成區，因此是被研究得最多的星雲之一。另外也因為它是離我們較近的星雲，從 1990 年起就一直是哈伯太空望遠鏡高解析度攝影和光譜觀測最常鎖定的目標。

獵戶座星雲是非常標準的恆星育嬰室，它是一團巨大的氣體和塵埃雲，質量是太陽的數十萬倍，有成千上萬的新恆星正在其中誕生。中央明亮的區域有四顆最熱、質量最大的新恆星，每顆質量估計約是太陽的 15 到 30 倍，大約 30 萬歲，因為它們看起來好像圍成一個梯形，因此稱為「四邊形星團」（The Trapezium），都正在發出大量的紫外線輻射。這些輻射會游離周圍的氣體和塵埃，透過「光致蒸發」（photoevaporation）現象，在星雲中形成了一個深而充滿亂流的空洞。空洞裡的氣體和塵埃被加速到很高的速度，擺脫了星雲的重力。四邊形裡的巨大恆星經由這樣的過程，實際上正在阻礙附近數百顆較小恆星的生長。

獵戶座星雲中有一些更年輕的恆星（可能只有 1 萬歲），因為還太年輕，仍然有一部分深埋在孕育它們的扁平、不斷旋轉的氣體和塵埃盤中。目前認為這種原行星盤（protoplanetary disk，又稱為 proplyd）代表了典型的恆星系形成環境，包括我們的太陽系。

在這張獵戶座星雲的拼接影像左上角有一小塊區域，實際上是一個分開的「迷你」獵戶座星雲（稱為 M43），這個星雲從內部被一顆類似四邊形星團恆星的巨大恆星照亮。像這種在四邊形星團附近的星雲，有一些似乎會受到四邊形星團的影響，當星團內的恆星發出高能的恆星風，且與星雲氣體和塵埃碰撞時，就會出現衝擊波前沿和氣體結。

超靈敏的哈伯對著獵戶座星雲中超過 3000 顆恆星拍攝時，意外發現了數百顆微弱的紅棕矮星（在拼接影像的下半部可以見到很多）。棕矮星（brown dwarfs）不全然是恆星，因為它們不是藉核融合發光；而是溫暖的「超巨大行星」，質量大約是木星的 15 到 80 倍。棕矮星可算是失敗的恆星，不過也是行星和恆星之間重要的過渡天體。

哈伯ACS拍攝的獵戶座星雲拼接影像，這個星雲位於北半球，就在著名的獵戶腰帶下方。這幅拼接畫面用了520張個別拍攝的哈伯照片（透過五個不同的濾鏡，從2004年1月拍到2005 年10月），再結合地面望遠鏡拍攝的外圍廣域拼接影像，整張照片覆蓋的天空角度約略是滿月的大小。

七彩的船底座星雲

2007 年 4 月

右頁：圖為船底座星雲的巨幅假色拼接照片的一部分，用哈伯ACS在2005年拍攝的影像，與2001年至2003年由智利托洛洛山美洲際天文臺拍攝的影像合成。各種顏色對應的輻射分別是硫（紅色）、氫（綠色）和氧（藍色）。

第138-139頁：這幅寬闊得多的視野，可看到船底座星雲的其餘部分，整個星雲在太空中的跨距將近40光年。

船底座星雲（Carina Nebula）是夜空中最大、最亮的星雲，但是因為位於遙遠的南天，所以也是最不為人知的星雲之一。船底座星雲又稱為大星雲（Grand Nebula）、NGC 3372，在天空中展開的角度是滿月的 4 倍，亮度是著名的獵戶座星雲的 15 倍（見第 135 頁）。然而地球上大多數的人（90% 的人生活在北半球）完全不知道有這樣精采的天文奇景，因為它位於南赤緯近 60 度，很少機會（如果有的話）會升到他們看得見的地平線之上。

無論如何，船底座星雲是最壯觀、最接近地球（距離只有約 8500 光年）的星雲之一，也是哈伯和其他天文臺正在研究的一個巨型分子雲。船底座星雲裡展示了許多新恆星誕生和老恆星消亡的例子。這個星雲的結構非常複雜，明亮區域以游離氣體發出的光為主，陰暗區域以富含碳的不透明塵埃雲為主，此外還深埋著很多處於生命周期各種階段的恆星和恆星形成區。

例如超級明亮、巨大的恆星海山二，開裂式地向兩側爆發出龐大的滾滾雲氣（見第 92 頁），這是船底座星雲中的氣體和塵埃被加熱和游離的主要來源。其他還有許多高溫年輕恆星也深埋在星雲中，包括至少八個已知的星團對周圍環境有巨大的影響（見第 107 頁「猛獁星」）。

其他在船底座星雲內的重要天體，包括巨大的氣體和塵埃「柱」，高達好幾光年，裡面藏有一些星雲中最年輕的新恆星；有充滿氣體和塵埃的小型原行星盤（但仍有太陽系這麼大），裡面有正在形成的新恆星（也許還有行星）；有許多沃夫－瑞葉星（Wolf-Rayet stars），這是目前已知宇宙中最熱的恆星之一（溫度在攝式 3 萬度到 20 萬度之間），會發出強烈的恆星風，在短暫的生命周期中已把氫燃燒殆盡；最後還有眾多稱為「包克雲球」（Bok globules）的密集區域，這是孤立、陰暗的較小型

天空中的風景

2006 年 3 月－ 2008 年 7 月

使用哈伯太空望遠鏡的天文學家，以及要和哈伯互動的工程師和程式設計師，其實都是攝影師。整體來說，他們都必須思考如何使用哈伯精密的相機（和其他儀器）來瞄準和拍攝天體，如何順應周圍的光源和其他環境條件，如何構圖或為解釋天文現象而提供所需的視覺脈絡。如此一來問題就變成：以這樣一個高科技、團隊合作的系統來拍攝宇宙時，科學與藝術的交集在哪裡？

　　1998 年發起的一項特別的「哈伯傳世計畫」（Hubble Heritage）為此提供了解答。哈伯傳世計畫的目標是每個月取得或創造（從圖庫裡找資料）一張新的、以前沒見過的哈伯照片，藉由史上最先進的望遠鏡，來展示宇宙中一些最能令人感受到視覺震撼的地方。巴爾的摩太空望遠鏡科學研究所的科學家和工程師團隊，以非常認真的態度看待這個目標，創造出來的照片除了要涉及天文學的內涵，呈現宇宙的角度

也要有藝術性。

　　哈伯傳世計畫在 2008 年慶祝十週年的時候，發布了一張結合科學與藝術的壯觀拼接照片。照片上是位於南半球船底座的 NGC 3324 星團的一部分，靠近巨大的船底座星雲（見第 136 頁）邊緣的一個小區域。這個景象讓我們想起了經典的風景攝影中熟悉的深度構圖——陽光、藍天、雲朵、和作為前景的「山丘和山谷」——但同時又很陌生，因為這幅風景的尺度非常巨大（圖中景物的高度都有好幾光年），離我們非常遙遠（離地球大約 7200 光年），且組成景觀的是氣體和塵埃，而不是泥土、植物和岩石。

　　像這樣的地方有很多有趣的科學議題可以研究。區域中的星雲氣體和塵埃，正被來自深處的強烈紫外線輻射和恆星風加熱、游離而發光。這些輻射和恆星風來自陰暗分子雲中正在形成的幾顆熾熱年輕恆星（位於這張照片的視野之外）。這些恆星正在「蒸發」附近的星雲氣體，在星雲壁上創造出新的三維地形圖——高聳的丘陵、陡峭的谷地、深的洞穴。然而，正如哈伯傳世計畫的目標一樣，這幅景觀也不可否認地具有藝術性和感染力。

如畫一般的NGC 3324星雲局部；這個星雲位於巨大的船底座分子雲集團之內。這張拼接照片結合2006年3月拍攝的ACS影像和2008年7月拍攝的WFPC2影像，使用專門偵測硫（紅色）、氫（綠色）和氧（藍色）的濾鏡。

牡蠣星雲

2008 年 11 月

有些行星狀星雲呈現複雜或奇特的形狀，因為它們的恆星風和星雲氣體塵埃之間的交互作用就是那麼複雜，或者因為它們受到一個或多個伴星的重力或輻射效應的影響（見第 124 頁沙漏星雲和第 131 頁貓眼星雲）。然而，在綽號牡蠣星雲（Oyster Nebula）的行星狀星雲 NGC 1501 這個奇怪的例子中，氣體和塵埃相對守規則且表現良好——複雜奇特的其實是中央恆星本身。

牡蠣星雲很漂亮，而且在哈伯照片中很容易看到，大型的地面天文臺也研究了它幾十年。它的中央恆星「珍珠」（這也是它得到牡蠣星雲這個綽號的原因），是古老的紅巨星在氫燃料耗盡時拋去外層大氣而遺留下來的高溫明亮的殘骸。這顆恆星一定是緩慢而優雅地卸下這些外層大氣，因為那團氣體和塵埃在擴張時，形成的是一個三維的、類似蛋形的橢球形。

但是在這個簡單的形狀上可以看到許多紋理圖案疊加在上面——葉瓣狀、絲狀、結點和隆起，幾乎可以確定這是中央恆星產生的強烈恆星風造成的，因為這顆恆星已經開始塌縮，踏上成為白矮星的最後道路。這種高能量的轟炸比它先前拋出的氣體和塵埃傳播速度更快，當它們碰撞時會產生衝擊波，導致氣體和塵埃游離和擴張，並且改變先前橢球形的殼層。使用與醫學成像儀器（例如 MRI）相同的斷層掃描方法（用光或聲波來繪製內部結構），再結合哈伯和其他地面望遠鏡的影像和光譜資料，研究人員已經能夠繪製出星雲結構的細節。

和大多數行星狀星雲中殘留的熾熱中央恆星不同，牡蠣星雲的中央恆星是一顆變星，從亮到暗不規律地發出脈動，幾分鐘到幾小時一次不等。這種不規律脈動的原因目前還不清楚，我們也不知道這種變星和其他與行星狀星雲無關的普通變星有什麼關係。我們很容易推測出牡蠣星雲的複雜多瓣結構，可能與中心的不規律脈動有關，但是目前還沒有找到一個可靠的解釋。未來需要對牡蠣星雲及其中央的珍珠進行更詳細的研究，才能撬開它神祕的外殼。

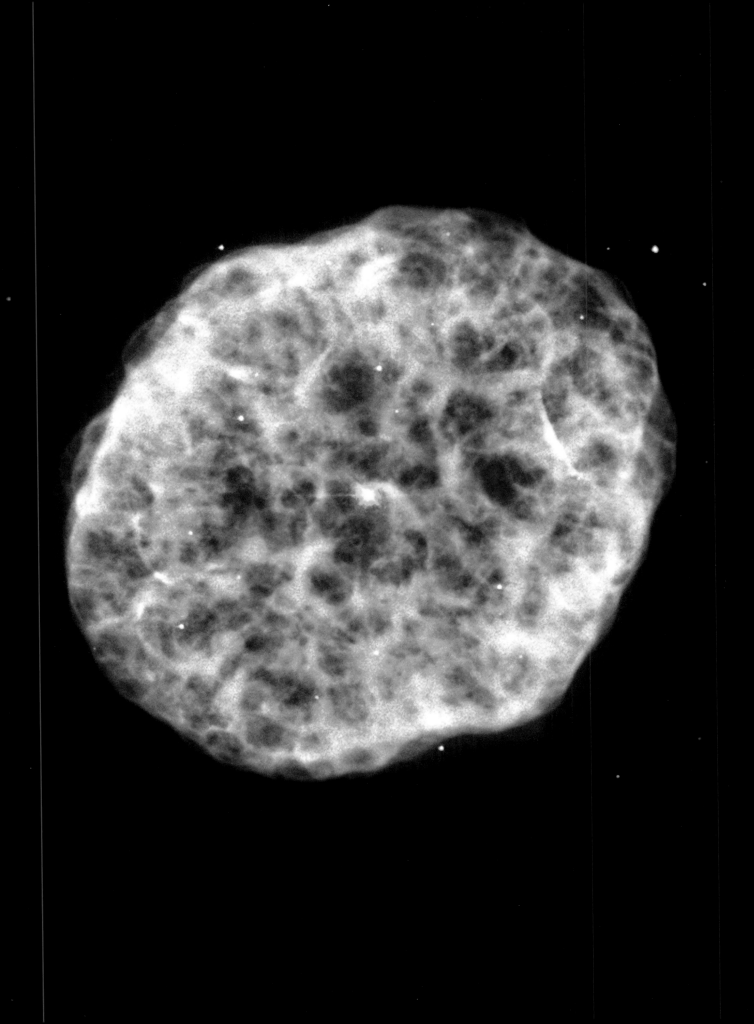

蝴蝶效應

2009 年 7 月

並非所有行星狀星雲都長得像行星那樣，呈典型的橢圓形或球形。例如這個名為 NGC 6302 的天體，更常用的稱呼是蝴蝶星雲（Butterfly Nebula），雖然還是很對稱，但看起來明顯不是圓的。

蝴蝶星雲離我們大約 3400 光年，與天蠍座中一顆垂死的恆星有關係。雖然距離不算遠，但是它也很小（角度大約是滿月的 10%），因此更需要靠哈伯的高解析度觀測來了解它的結構細節和演變史。事實上在 2009 年 5 月完成最後一次太空梭維護任務後，蝴蝶星雲是第一批使用哈伯新型的 WFC3 和 COS 儀器來拍攝的天體之一（見第 53 頁）。它很美麗，而且在科學上又是個極具吸引力的目標，很適合用來測試望遠鏡的最新相機和光譜儀。

蝴蝶星雲的「翅膀」是一對長達 2 光年的高速（時速超過 96 萬 5000 公里）、高溫（約攝氏 2 萬度）氣體噴流，從一個垂死的恆星（銀河系中最炙熱的恆星之一）中噴射出來。當噴流從中央恆星噴出，穿過周圍赤道面上厚厚的一層塵埃和氣體，然後向外擴張延展成沙漏的形狀。儘管這顆中央恆星的能量輸出極高（表面溫度約攝氏 22 萬度），但它大部分都被星雲中心黑暗、緻密、呈甜甜圈狀的塵埃氣體環遮擋而看不見。哈伯用更靈敏的 WFC3 儀器進行觀測，終於直接偵測到了蝴蝶星雲的中央恆星。

這顆創造並持續改變蝴蝶星雲的恆星，很可能最初是一顆「正常」恆星，質量大約是太陽的五倍。它開始耗盡氫燃料時，膨脹成一顆直徑大約是我們太陽 1000 倍的紅巨星（如果那顆恆星是處在我們的太陽系中，那就相當於膨脹到土星的軌道上）。這樣的膨脹把恆星的外層大氣以低速拋到周圍的環境中。後來，隨著恆星收縮和升溫，更強烈的恆星風會穿越並游離先前脫離的物質，形成了受到擾動的結、邊緣和外壁等特徵，如同哈伯照片中呈現的精緻細節。

左頁：哈伯WFC3於2009年7月27日拍攝的蝴蝶星雲假色合成影像，使用從紫外線到可見波長的濾鏡，分別用來偵測星雲中的氧、氦、氫、氮和硫。

螺旋雕塑

2012 年 7 月

銀河系中大多數恆星都是雙星（或多星）系統的一部分，在同一個系統內，許多恆星彼此間的質量會有很大的差異。由於恆星的演化路徑和最終的命運與它的質量有密切的關係，因此會產生有趣且大不相同的生命歷程。例如，當雙星系統中質量較大的恆星步入氫燃燒階段的尾聲時，會和其他同類型的恆星一樣經歷相同的生命終結過程。但是這些歷程具體展現的物理現象，可能會顯著受到它低質量伴星的影響。

這個假設或許可以解釋 NGC 5189 這個螺旋形的行星狀星雲奇怪的物理外觀。在這個星雲裡面，五顏六色的氣體和塵埃雲被一顆溫度極高的中央白矮星游離。在先前紅巨星階段拋去的氣體和塵埃，是後來行星狀星雲的原始材料。但是這個星雲不像許多其他的星雲那樣是圓形或球形的（見第 132 頁「螺旋星雲」），甚至也不是對稱的雙瓣型結構（見第 145 頁「蝴蝶效應」）。

相反地，圍繞在 NGC 5189 中央恆星周圍的行星狀星雲，是由兩個複雜的巢狀結構組成，彼此相互傾斜，並以不同的方向擴張，遠離中央恆星。這兩個三維結構投射在二維的天空平面上融合在一起，創造出彷彿整個結構纏繞成 S 形螺旋的錯覺。除了它的美麗和複雜性之外，蜿蜒穿過結構的是一條明亮的金色游離氣體帶，它帶著絲狀結構和「彗星結」，向遠離中央恆星的方向輻射開來。這些游離氣體、絲狀結構和彗星結，都是中央恆星發出的強烈恆星風侵蝕、雕鑿星雲氣體和塵埃而成的結果。

NGC 5189 的雙重結構顯示有兩道噴流從中心往兩極流出，這也暗示這個星雲可能是兩顆恆星造成的，而不是只有一顆。雖然哈伯或其他望遠鏡還沒有發現第二顆中央恆星，但它的重力影響，以及可能來自它本身向外流出的噴流，我們推測它的年齡可能與它的伴星差不多，這或許可以解開這個星雲獨特的螺旋結構之謎。

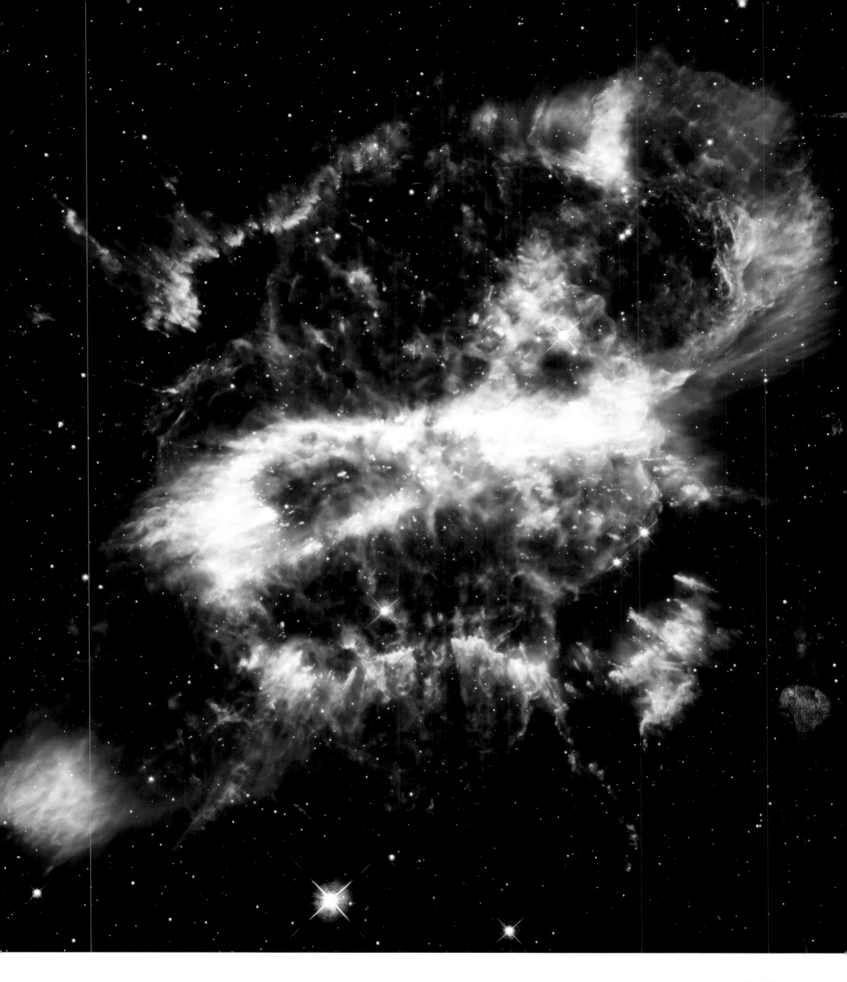

哈伯WFC3拍攝的著名馬頭星雲「頭部」的假色照片。馬頭星雲是一團深埋在獵戶座星雲深處的氣
體塵埃湍流雲，離地球約1500光年。這張合成照片以紅外線濾鏡拍攝，這種濾鏡用來偵測從游離
的星雲中發出的紅外線（熱）能量。

不同顏色的馬

2012 年 11 月

人類的視覺只能接收所謂的「可見光」。我們的眼睛——以及地球上其他大多數生物的眼睛——演化成能夠看到的顏色，與我們太陽主要輸出的波段很接近（這並不意外）：從紅色到紫色，也就是彩虹的顏色。但是彩虹有很多比藍色更藍、比紅色更紅的顏色。

哈伯特別設計成用於偵測比藍色更藍的顏色，稱為「紫外線」，因為這個波段會被地球大氣層吸收，而無法被地面望遠鏡偵測到。另外一些比紅色更紅的顏色，稱為「紅外線」，很難或是不可能從地面望遠鏡偵測到，因此哈伯的第三代廣域相機才會設計成能以紅外線濾鏡來拍攝照片。

紅外線顯示的天體特徵和過程，與可見光和紫外線互補，因此許多望遠鏡，例如未來的詹姆斯·韋伯太空望遠鏡（見第 208 頁），都把偵測紅外線的功能最佳化。許多常見的著名天體在紅外線下看起來，都和在可見光下很不一樣，一個典型的例子就是馬頭星雲（Horsehead Nebula，左頁）。馬頭星雲位於龐大的獵戶座星雲中，是一小塊擾動游離的塵埃氣體區域（見第 135 頁）。馬頭星雲在天文學概論的教科書中廣為人知，因為它的形狀很經典，像一個馬頭的陰影輪廓，與獵戶座的游離氣體和塵埃發出的明亮顏色呈強烈對比。

然而，馬頭星雲在紅外線影像中呈現出一種全新的顏色，它在背景恆星的襯托下發出清透的色調，彷彿從星際之海中湧起的白色浪頭泡沫。當然，這樣一個詩意的描述掩蓋了科學的真實情況：馬頭星雲是一個巨大的氫氣柱，裡面參雜著不透明的灰塵和有機分子。新的恆星和恆星系統正在巨大的分子雲裡面誕生（並且慢慢地侵蝕／驅散這些分子雲），而紅外線能穿透一部分布滿塵埃的表層，讓我們得以更仔細觀察內部的奇觀。

嵌入圖：地面望遠鏡拍攝的馬頭星雲可見光影像。這張照片是馬頭星雲更為人所知的形象，陰暗的馬頭輪廓與發亮的游離氣體和塵埃相互對比。

猴頭星雲

2014 年 2 月

「空想性錯視」（pareidolia）是一種常見的幻覺形式，就是觀察者會傾向於在無生命的物體或抽象圖案中，看到自己已知或熟悉的事物。著名的例子包括月球上的男人、雲裡的動物、火星上的人臉。人類的眼－腦結合似乎會自行調整，從複雜多彩的抽象形式中識別出熟悉的圖案。

主要的例子就是位於獵戶座一個來自深遠太空中的星雲。這個星雲距離地球大約 6500 光年，正式名稱為 NGC 2174，但更常被稱為猴頭星雲（Monkey Head），因為這是這個氣體塵埃雲給人的第一眼印象，但也僅此而已。猴頭星雲是一個巨大的星際分子雲，被一些在原始物質中形成的新生熾熱恆星同時游離和蒸發。左頁照片中看到星雲右側的銳利邊緣特徵，正是受到新生恆星發出的高能恆星風所衝擊，這些恆星深埋在照片左側的星雲中。

從這團分子雲中形成的年輕熾熱大質量恆星（質量可達太陽的 30 倍，溫度可達太陽的 5 倍以上），向周圍環境發出大量的高能紫外線輻射。使得附近的氣體和塵埃被游離並且發光，從這些恆星發出的強烈恆星風也同時會形塑周圍的星雲。某些區域像是在猴子輪廓右邊多節的、成團的「球狀」暗星雲，在受到強烈恆星風的壓力和衝擊波碰撞後，接觸面上的星雲氣體可能會因此塌縮，並觸發新恆星的形成。舊恆星向外噴出的能量與物質，會在這裡匯集出新生的恆星。

這些新生恆星深埋在孕育它們的星雲苗圃中，在可見光波段無法看見，但是可以用紅外線偵測到它們發出的熱。這些恆星會隨著時間慢慢蒸發或吹走包圍它們的塵埃，未來將可見光裡大放光芒。

哈伯 WFC3 拍攝的猴頭星雲（NGC 2174）假色合成照片。紅外線濾鏡用來收集星雲氣體中不同化學元素游離之後發出的光。照片中的星雲區域長度約有 5 光年。

星系

第 152-153 頁：這張照片是經由哈伯 WFPC2、ACS 和 WFC3 的多組濾鏡觀測所合成的假色影像，它捕捉到了位於獵犬座、距離地球 2000 萬光年的壯觀螺旋星系 M106。

右頁：哈伯 WFPC2 拍攝的 M87 假色照片，它是我們銀河系鄰近的（距離約 5000 萬光年）室女座星系團成員之一。從星系中心黑洞所流出的藍色高速粒子噴流影像，是由紫外線、綠色可見光和紅外線的觀測合成。

下：2019 年 4 月，事件視界望遠鏡（Event Horizon Telescope）電波天文計畫宣布首次直接觀測到黑洞。這裡的黑點實際上是 M87 的黑洞剪影（black hole shadow），投射到它周圍極度高溫的氣體和塵埃盤面上。

來自怪物黑洞的凝視

1998 年 12 月

哈伯太空望遠鏡前所未有的解析度和其他性能，不僅徹底改變了我們對銀河系內天體的理解，也扭轉了我們對銀河系外數千億個星系中某些星系的認知。一個最重要的例子，就是 M87 這個巨大橢圓星系的哈伯影像和光譜觀測，M87 是一個由數千億（有可能多達數兆）顆恆星組成的龐然大物，距離我們大約 5000 萬光年。

M87，又稱 NGC4486，位於室女座星系團（Virgo cluster）中心附近，由大約 2000 個星系組成，靠著彼此的重力鬆散地聚集在一起。室女座星系團與其他大約 100 個類似的星系團組成更大的室女座超星系團（Virgo supercluster），我們的銀河系也是其中的成員。自 20 世紀初以來，地面望遠鏡天文學家就一直在研究 M87，他們注意到從星系中心噴出的模糊線形特徵，另外也注意到 M87 與其模糊特徵是整個天空中最亮的電波發射源之一，因此可推知 M87 可能有什麼奇異且能量強大的事正在發生。

透過哈伯卓越的視力可以看出，那條線形特徵是一股強大的電子和次原子粒子，以接近光速從 M87 中心流出。雖然 M87 的數十億顆恆星和球狀星團，在哈伯的影像中只是一大團模糊、無法解析的黃光，但噴流本身的影像所展示的結構和細節，對於研究它的生成起源很有幫助。噴流起源的假設，主要認為是被 M87 中心超大質量黑洞（質量超過太陽的 20 億倍）周圍的強烈磁場所推動而外流的高能輻射流。當氣體和塵埃旋入那個漩渦時會被游離，並被黑洞的強烈磁場聚集起來。那些緊密扭曲的場力線把這股電漿沿著中心黑洞的極軸噴射出去，就像一些從行星狀星雲的中心恆星噴出的雙極噴流一樣（見第 145 頁「蝴蝶效應」）。

哲學家弗里德里希·尼采（Friedrich Nietzsche）寫過：「如果你凝視深淵夠久，深淵也會凝視你。」確實，2019 年一組天文學家團隊宣布，他們結合全球的電波望遠鏡，經過多年的觀測和資料運算，終於能夠直接拍攝到 M87 中心的黑洞。所以，從某種意義上來說，M87 中心的怪物黑洞的確是回頭凝視我們了。

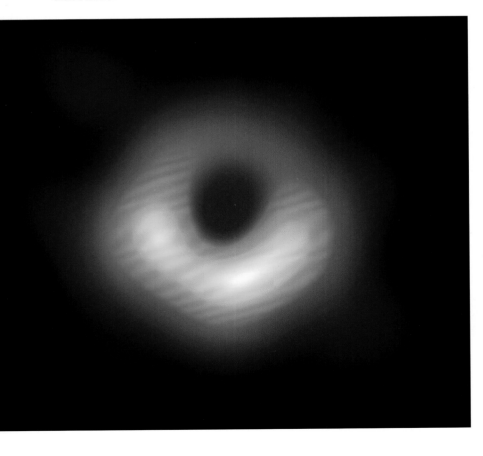

當星系碰撞時

2002 年 4 月

行星、小行星或彗星相撞時，景象可能非常壯觀；恆星合併或碰撞時也是如此，隨之而來的能量釋放會非常驚人。而要是整個星系發生碰撞，那絕對是不可思議的天文奇景。哈伯拍攝的星系 UGC 10214 就是一個美麗的實例，這是一個位於天龍座（Draco）、離我們約 4.2 億光年的螺旋星系。它有一條長長的、奇怪的尾巴，因此有「蝌蚪」的綽號。

蝌蚪星系是一個變形的螺旋星系，拖著一條由藍色恆星組成、長達 28 萬光年的尾流，這些恆星因為離我們太遠而無法一一看見，即使透過哈伯驚人的視力也無法辨識。那條星跡是由一個星系等級的司機「肇事逃逸」而留下的殘骸——一個較小、較藍、較橢圓的星系，穿過蝌蚪左上角之後企圖脫逃，但目前還不清楚它會不會脫逃成功，因為蝌蚪星系強大的重力已經把這個小星系的大部分都撕裂了。由於小星系內的恆星不是被蝌蚪星系的重力捕獲，就是散布在星系際空間遊蕩，它最終的命運很可能是完全解體。

雖然很容易把這種碰撞想像成一場災難事件，但它造成的直接破壞可能非常小——在相互碰撞的星系內部，恆星之間的空間其實還很大。真正造成星系系統嚴重破壞的是重力，會撕裂星系原有的優雅結構。但另一方面，重力在這樣的碰撞事件中也是創造的媒介，因為它迫使星際氣體和塵埃雲聚集、合併和混合在一起，之後會塌縮而形成新的恆星。這些新形成的大質量恆星，溫度能高達我們太陽的 10 倍，亮度可以達到太陽的 100 萬倍，這也是碰撞後的碎片軌跡（就像蝌蚪的尾巴）在這張合成影像中會發出藍色光芒的原因之一。

數百萬年後，蝌蚪尾巴上的恆星，還有其他與小星系碰撞後一路遺留下來的任何殘骸，都可能被重力束縛成星團或是巨型星團（有一部分蝌蚪尾巴上的恆星已經開始聚集成團了）。這些最後可能會成為球狀星團，或是小型的「衛星」星系，在蝌蚪星系周圍的彌散「光暈」（halo）中繞行，就像圍繞在銀河系周邊運行的球狀星團和衛星一樣。事實上，我們銀河系周圍那些衛星星系的存在，也代表著銀河系過去可能經歷過類似這種「肇事逃逸」的星系碰撞事件。

電波星系

2003 年 3 月

天文學家認為，在 100 到 120 億年前的早期宇宙中，形成的第一種星系可能是橢圓星系，這是在大霹靂中形成的大量氫和氦塌縮而成的大質量星團。這些古老的橢圓星系很多都會發出大量的電波能量，這表示它們在核心深處可能有超大質量黑洞。

巨大明亮的橢圓星系 NGC 1316（位於南半球的天爐座，因此又稱天爐座 A）就是這種「電波星系」（radio galaxy）的例子——它是天空中第四亮的電波源。哈伯在 2003 年以高空間解析度拍攝了天爐座 A，揭露了它神祕的塵埃暗帶和明亮星團的證據，證明了這個星系獨特且不尋常的歷史。更明確地說，天文學家認為天爐座 A 的顯著特徵，是起因於數十億年前，兩個或多個富含氣體的星系相撞、合併的事件。

天爐座 A 距離我們大約 7500 萬光年，是天爐座星系團（Fornax Cluster）裡一群相似天體中最亮的橢圓星系之一。雖然哈伯可以看見的一部分天爐座 A，角度跨越的天區相當於滿月大小的三分之一，但是這個星系的電波「瓣」延伸的範圍要遠得多。從地面望遠鏡觀測到，天爐座 A 延伸區域內的氣體和塵埃呈現出各種波紋、環狀和羽狀結構，暗示了過去曾經發生的暴烈事件。事實上天文學家已經找到解釋，認為哈伯的天爐座 A 影像中那些暗黑色塵埃團塊，可能是和之前被天爐座 A 吞噬的星系有關的巨大分子雲殘骸。

哈伯令人難以置信的解析度，使天文學家得以研究微弱的球狀星團光暈，星團中有數百萬顆因重力而聚集的恆星。這些星團圍繞在像天爐座 A 這樣的橢圓星系周邊，有些星團的質量非常大，有些則是小一點。天爐座 A 靠近中央區域的星團通常傾向質量較大，這說明了在宇宙早期星系碰撞的假設中，較低質量的星團更容易被噴散到星系以外。雖然目前很難確定到底發生過什麼事，但天爐座 A 與典型的巨大橢圓星系有很大的不同，許多天文學家也正在試圖解開這個謎團。

由哈伯 ACS 廣域相機拍攝的巨大橢圓星系 NGC 1316 合成照片。NGC 1316 是一個明亮的電波源，位於南半球天爐座，因此也被稱為天爐座 A。這張假色影像是由藍色、綠色和紅外線濾鏡拍攝的照片合成的。

草帽星系

2003 年 6 月

哈伯太空望遠鏡拍攝過最震撼、最美麗的對稱星系中，有一個名為梅西耶 104（Messier 104，或是 NGC 4594）的天體，俗稱草帽星系（Sombrero Gala-xy）。它位於處女座，距離我們 2800 萬光年，由數千億顆無法單獨辨識的發光恆星組成。

草帽星系最著名的特徵，就是如同墨西哥帽的「帽緣」——那是一條圍繞星系外圍、長 5 萬光年的塵埃帶，中間包圍著彌散、呈橢圓形的恆星光暈，那些恆星繞著明亮的星系中心運行。如同這張哈伯照片所示，這條暗帶在可見光波長下是不透明的，因此我們無法看見草帽星系赤道平面內部的更多細節。然而，在史匹哲太空望遠鏡的紅外線觀測中，我們發現草帽星系的暗帶是一個更巨大的塵埃環，圍繞著中間恆星產生的光暈。

草帽星系是一個巨大的橢圓星系，質量估計相當於我們太陽的 8000 億倍。哈伯可以解析出大約 2000 個環繞著草帽星系的古老（年紀約 100 到 130 億年）球狀星團，這個數量將近我們銀河系的球狀星團的 10 倍。草帽星系中央明亮、白色的核心會發出能量驚人的 X 射線，因此天文學家推測可能有一個質量是太陽 10 億倍的黑洞（是鄰近星系組成的室女座星系團中最大的黑洞之一）深藏在草帽星系的中心。

我們在夜空中看到的草帽星系幾乎是它的正側面，有一些早期的天文學家認為這個天體可能是行星狀星雲，中央是一顆年輕的恆星，外面包圍了一圈塵埃盤。但在 20 世紀初發現草帽星系和其他許多「星雲」一樣，正以高速遠離我們。這是一個重要線索，說明這個天體實際上是一個遙遠的星系，由於宇宙的膨脹而離我們愈來愈遠。

光譜的觀測顯示，草帽星系那個環繞中央核球的對稱環，主要是由低溫的氫原子、氣體分子和塵埃組成。在這個充滿塵埃的暗環中，藉由哈伯卓越的解析度可以看到其中的結點和團塊，而紅外線資料也說明儘管這個星系的年齡非常大，但在這些結點和團塊中可能仍然有大量的新恆星正在形成。

由哈伯 ACS 高解析度相機拍攝的草帽星系自然色合成照片（使用紅色、綠色、和藍色濾鏡）。草帽星系位於處女座，距離我們 2800 萬光年，在天空中的角度大小約為滿月的 20%。

小麥哲倫星系

2004 年 7 月

銀河系與其他許多星系一樣，周圍會伴隨幾個較小的天體或「衛星」星系在太空中移動。其中有兩個在南方天空中又大又亮，用肉眼就可以看到，分別稱為大麥哲倫星系（Large Magellanic Clouds）和小麥哲倫星系（Small Magel-lanic Clouds），以第一個發現它們的歐洲探險家費迪南德‧麥哲倫（Ferdinand Magellan）為名。大麥哲倫星系覆蓋天空的角度超過 10 度（超過滿月大小的 20 倍），小麥哲倫星系大約是大麥哲倫星系的一半。

麥哲倫星系是不規則矮星系，這種星系很有可能是因為受到巨大鄰居銀河系的重力影響，而被破壞成不規則的形狀。由於它們距離不算太遠（不到 20 萬光年），科學家利用哈伯卓越的空間解析度和其他能力來觀測，可以比觀測遙遠星系時看見更多細節，藉以更詳細研究銀河系外天體內部的物理機制。一個美麗如畫、且在科學上引人探究的例子，就是在小麥哲倫星系的哈伯影像中稱為「翅膀」（因為它的形狀）的恆星形成區。

與銀河系相比，小麥哲倫星系的「翅膀」中塵埃和氣體較少，每單位體積內的恆星數量也較少（這是不規則矮星系的典型特徵）。與典型螺旋星系中的恆星相比，翅膀中的恆星擁有更高比例的氫和氦（而重元素的比例較低）。天文學家將這類恆星標記為「低金屬豐度」（low metallicity）——很多天文學家把比氫和氦重的元素都稱作「金屬」。

哈伯太空望遠鏡的表親，錢卓 X 射線天文臺（Chandra X-ray Observatory），意外發現了一個現象：有些這類的年輕恆星，甚至質量就和我們太陽一樣屬於中等大小，正發出強烈的 X 射線輻射。這是第一次在銀河系外觀測到發出 X 射線的年輕恆星。

科學家把哈伯對這些恆星的紫外線和可見光研究結果，結合錢卓望遠鏡的 X 射線資料和史匹哲太空望遠鏡的紅外線資料，描繪出這些發射 X 射線的年輕恆星（年齡可能只有幾百萬年或更短）的特徵，其磁場的活動強度可能與它們的低金屬含量有關。這樣的恆星不只在像麥哲倫星系這樣的矮星系中很典型，可能也是在早期宇宙生成的第一代恆星中，隨處可見的典型年輕恆星。

這是小麥哲倫星系中被稱為「翅膀」的區域的假色照片，綠色和藍色影像由哈伯 ACS 廣域相機所拍攝，紫色影像來自錢卓 X 射線天文臺的 X 射線資料，紅色影像則是史匹哲太空望遠鏡的紅外線資料。

棒旋星系

2004 年 9 月

哈伯太空望遠鏡以 20 世紀早期天文學家愛德溫·哈伯（Edwin Hubble）的名字
來命名的原因之一，這是為了表彰他在星系分類上的開創性貢獻。哈伯將星系
分為四種主要的類型：橢圓星系、螺旋星系、棒旋星系和不規則星系。除了不
規則星系之外，其他三種星系的子類型都會持續演化混合在一起。

在哈伯的星系分類中，棒旋星系的標準範例就是 NGC 1300，這是一個位
於南半球波江座，離我們約 6100 萬光年的星系。NGC 1300 擁有一個顯著的、
由恆星組成的筆直棒狀結構，穿過星系明亮的中央核心；一般認為我們自己
銀河系的中心附近也有一個這樣的棒狀結構。NGC 1300 的影像中有一個特別
的地方是，它的旋臂逐漸從中央棒狀結構向外對稱地捲曲起來。這幅景象既
優雅又符合基本物理學的萬有引力定律。

NGC 1300 的棒狀結構和中心區域主要是由黃色到紅色的中年至老年恆星
所組成，但這個星系的外圍旋臂中包含了許多由較年輕、較藍的恆星組成的
星團；另外還有成結、成團的雲氣，裡面有更年幼的恆星正在形成。

哈伯拍攝的照片提供了 NGC 1300 這種典型星系前所未有的細節，包括
它的中心棒狀結構和外圍旋臂結構。照片中精細地顯示了在外圍旋臂和中心
棒狀結構中成團的塵埃暗帶（中心棒狀部分大多是較老的橙紅色恆星），而
這些塵埃暗帶在緊密的中央螺旋結構中逐漸分解。這些出現在明亮的星系核
心附近、由恆星組成的中央螺旋結構，是大螺旋中的小螺旋。某些這類星系
的演化模型中指出，這些中央螺旋結構可能有助於餵養它們中心的超大質量
黑洞（雖然目前還沒找到 NGC 1300 中這類黑洞存在的證據）。

棒旋星系在現今的宇宙中，似乎比 100 到 120 億年前當第一批星系生成的
時候更為常見，這說明了棒狀結構的發展可能是一些星系演化成熟時的特徵。

哈伯ACS廣域相機拍攝的典型棒旋星系NGC 1300，它位於波江座，距離我們約6100萬
光年，直徑約11萬光年。這張自然色照片結合了ACS的紅色、綠色和藍色濾鏡所拍攝的
影像。

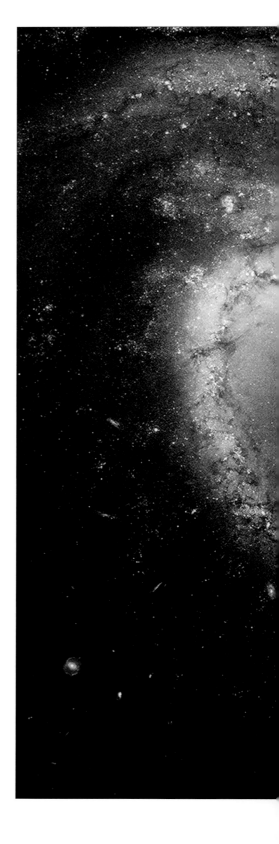

渦狀星系

2005 年 1 月

螺旋是自然界最純粹、也最常見的形態之一。從蝸牛殼的生長到颶風中的雲帶，再到大質量星系中捲曲星道，螺旋線條無所不在。在螺旋星系中，很少有星系能與渦狀星系（Whirlpool galaxy）的美麗和優雅相媲美（渦狀星系就是以其優雅的漩渦結構來命名）。

著名的天文學家查爾斯·梅西耶在 1773 年發現了渦狀星系，當時他正在調查天空中的非恆星天體。他在他著名的天體目錄（見 85 頁）中將這個「星雲」命名為梅西耶 51（Messier 51）。到了 19 世紀中期，更大望遠鏡的發明使得天文學家能夠發現這個天體的螺旋結構（這也是有史以來第一個在「星雲」中觀測到的螺旋結構）。直到 1920 年代，愛德溫·哈伯和其他人開始對某些螺旋星雲中的造父變星（見第 113 頁）進行編目，天文學家才終於意識到，像渦狀星系這樣的天體，實際上是他們自己「島宇宙」（island univer-ses）裡的星系，這些島宇宙就漫遊在廣闊且不斷膨脹的宇宙之海中。

哈伯望遠鏡經常觀測渦狀星系，部分原因是它距離不算太遠（位於獵犬座，距離我們大約只有 3100 萬光年），因此藉由哈伯非凡的解析度，可以拍出旋臂和其他星系結構中前所未有的細節。

例如，熾熱的年輕恆星形成區（在這張哈伯 ACS 合成照片中呈粉紅色的區域）集中在星系的旋臂內。旋臂中的氣體運動、以及許多可見的塵埃團塊和暗帶，在圍繞著星系中心運行時產生壓縮的力量，因而觸發氫氣的重力塌縮，隨後生成由新生恆星組成的星團（照片中亮藍色的區域）。相比之下，渦狀星系的中心區域則是散發著由老恆星發出的黃色光芒。

過去幾億年裡，在渦狀星系鄰近的後方（從我們的角度來看）一直伴隨著一個更小、更多塵埃、更橢圓的星系，叫做 NGC 5195。它的重力作用可能幫忙延展且塑造了鄰近巨大星系的壯觀旋臂。這個矮星系正在遠離渦狀星系，但是似乎仍在對渦狀星系中最長的旋臂進行最後的重力拖曳。

哈伯ACS拍攝的近乎正面的壯觀螺旋狀星系，中間偏左的是渦狀星系，右上方較小的伴星系是NGC 5195。這張假色照片結合了近紅外線、綠色和藍色濾鏡拍攝的影像。

星爆星系

2005 年 5 月

有一些星系主要由老的、高度演化的恆星所組成，但有些星系中則是有大量的新恆星一直在誕生。在這些星系尺度的恆星孕嬰室當中，最驚人的就是星爆星系（Starburst galaxies），在那裡幾乎時時刻刻都有新生恆星誕生。梅西耶 94（M94）就是一個曾經被哈伯詳細研究過的例子，它是正面朝向我們的美麗星爆星系，位於北半球的獵犬座，距離地球約 1600 萬光年。

新恆星正以瘋狂的速度在 M94 當中生成，速度比其他大多數已知的螺旋星系都要快。這些新恆星有很多是在明亮的藍色「星爆環」（starburst ring）當中誕生，這個「星爆環」圍繞著星系最外圍的壯觀旋臂而形成；另外，在星系核心深處還有第二層星爆環，是比較小圈的緻密恆星形成區。這張令人驚嘆的照片中，每個藍色亮點都代表一個由熾熱、大質量的年輕恆星所組成的星團，這些恆星正發出大量的紫外線輻射，游離或蒸發它們周圍用來生成這些恆星所殘餘下來的氣體和塵埃。

我們還不確定為什麼這個星系內圈和外圈的星爆環會生成這麼多新恆星，但是卻很少有恆星誕生在靠近核心外圍的中心區域（主要是較老的黃色恆星和較暗沉的塵埃氣體帶）。有一種假設是，M94 內圈的星爆環可能是受到星系中心棒狀結構裡恆星的刺激而形成。而像螺旋槳一般的緻密星團，會在旋轉時產生壓縮波，導致星系中心附近的氣體和塵埃更容易因為重力塌縮而生成新的恆星。

外圈明亮藍色的星爆環的起源，也是備受關注的議題。有些天文學家認為，這個星系有可能是與另一個星系近距離相遇、甚至是與一個較小的衛星星系合併而產生重力效應，這樣的交互作用提供了能量和物質來生成大量的新恆星。另外有天文學家認為，來自星系中心棒狀結構的壓力波可能會向外傳播，就像池塘上的水波一樣，這引發了外圍旋臂中氣體和塵埃雲氣的重力坍塌，使得那些波在旋臂中「破裂」。

雖然造成 M94 壯觀的星爆行為的詳細原因還沒有得到解答，但有一件事是肯定的：哈伯照片不僅展示了它的美麗，還揭露了壯觀的螺旋內部恆星生成的機制。

雪茄星系

2006 年 3 月

星爆星系是由恆星、氣體和塵埃所組成的龐大集合體，其中新恆星的生成速度遠高於一般星系的平均值（見第 168 頁「星爆星系」）。星爆星系通常是藉由藍色明亮的年輕恆星所組成的星團所識別出來的（這些星團大多存在於旋臂或星系核心裡）。如果星系較靠近地球、或是正面朝向我們，我們會比較容易看見它們，也因此它們的結構細節能更容易辨認出來。

然而，若星系以其他的方向面對我們、有不尋常現象，或是有令人困惑的特徵，那麼就會很難辨識是否為星爆區域。其中一個哈伯詳細研究過的重要例子就是梅西耶 82（M82）。M82 因為呈長橢圓形，而被稱為「雪茄星系」（Cigar Galaxy），位於大熊座，離地球約 1200 萬光年。雖然一開始被認為是一個橢圓或不規則星系，但是從最近的紅外線觀測得知，M82 其實是一個幾乎完全以側面朝向我們的螺旋狀星爆星系。塵埃形成的暗帶、和從中央核心噴出的成團延展的絲狀結構（主要組成為氫），遮蔽了部分的明亮藍色星系盤面，這使得天文學家先前在嘗試確認它的真實結構時備感沮喪。

M82 很大，橫跨天空的角度大約是滿月的三分之一。它本身也很亮，總光度是銀河系的五倍以上。M82 中心核心區域的能量驚人，這是造成它星爆活動如此活躍的主要原因。來自那些年輕恆星的強烈恆星風和磁場，會游離並且壓縮周圍的氣體和塵埃，這有助於形成更多的新恆星。M82 中央核心的恆星生成速度是我們銀河系中心的 10 倍。然而，M82 的恆星生成速度不會一直保持下去的——最終「原始材料」將會被耗盡。只有在這些新恆星大量死亡後，將它們的遺骸再度噴散到太空中，才能再次獲得更多製造新恆星的原始材料。

M82 是 M81 星系團當中的一個成員星系，這個星系團位於大熊座，以它最大的成員星系 M81 來命名。事實上，巨大的螺旋星系 M81 是 M82 的鄰居，可能在數億年前與 M82 發生了重力交互作用，因此扭曲了 M81 的星系盤面，並且通過星系結構傳送了壓縮波。這些壓縮波可能也引發了 M82 內部劇烈且短暫的恆星生成期。

由哈伯ACS所拍攝的M82星爆星系（也稱為雪茄星系）的假色照片。星爆星系的新恆星生成率非常高，M82也不例外——在那裡的新恆星生成速度是我們銀河系的10倍以上。這張彩色照片是透過近紅外線、綠色、和藍色濾鏡拍攝的影像所合成的。

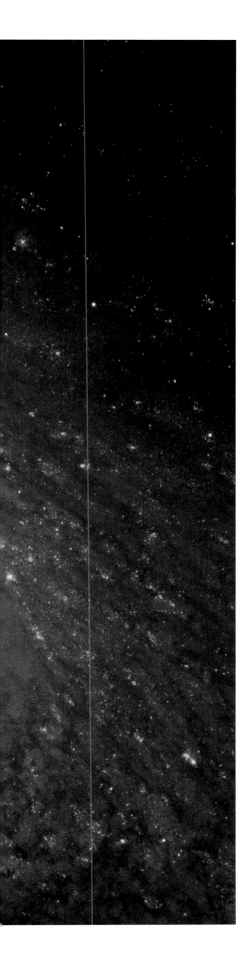

絮狀螺旋星系

2010 年 1 月

螺旋星系具有許多顯著的特徵。其中包括一個相對扁平的盤面，盤面上有年輕和年老的恆星、星際氣體、和塵埃，它們一起組成盤面上的多個旋臂，以及一個中央明亮的核球（bulge）。它們也可能具有一個由較老恆星組成的棒狀結構，中心有一個超大質量黑洞，以及一個近似球形的恆星光暈，光暈中包含多個圍繞中央核球和旋臂的球狀星團。根據星系相對的大小、質量和亮度，可以用來區別不同的螺旋星系。

有一種令天文學家很感興趣的螺旋星系叫做「絮狀螺旋星系」（Flocculent Spiral Galaxy），因為它們呈現出斑駁的、不連續的旋臂。這類螺旋星系之所以會出現這樣的恆星形成區特徵，主要是因為它的恆星生成機制，是由隨機個別發生的超新星爆炸和高強度的恆星風爆發所引發的衝擊波進而壓縮星際氣體。這些事件導致星際氣體和塵埃局部地壓縮和重力坍塌，因此導致絮狀星系旋臂上不規則的自然特徵。

NGC 2841 是絮狀星系的一個典型例子，它位於大熊座中，距離我們約 4600 萬光年。從哈伯的高解析度 WFC3 影像中顯示，不透明的塵埃暗帶從星系明亮的中央核心向外旋轉，與發出黃白色光芒的較老恆星（星系的主要組成）混合在一起。

在離核心更遠的地方，更亮的、發出藍色光芒的年輕星團，沿著星系的旋臂旋繞而出。這些熾熱的年輕恆星，藉由強烈的紫外線輻射和恆星風，很明顯地已經把旋臂上恆星形成區常見的氣體和塵埃清乾淨了。這可以解釋為什麼目前 NGC 2841 的恆星生成率非常低，而且沒有出現像其他螺旋星系中發出粉紅色光芒的星雲（例如渦狀星系，見第 167 頁）。

史匹哲太空望遠鏡對 NGC 2841 所拍攝的紅外線影像，能夠穿透大部分的黑暗塵埃（這些塵埃阻擋了哈伯觀察星系核心的內部區域），並顯示出最內層的旋臂實際上形成了一個圍繞星系核的完整環狀結構。

哈伯WFC3所拍攝的螺旋星系NGC 2841，這是一個典型「絮狀」（毛絨絨的）螺旋星系的例子。與其他類型的螺旋星系相比，絮狀螺旋星系具有斑駁、充滿塵埃的旋臂、以及相對較低的恆星生成率。NGC 2841位於大熊座，距離我們大約4600萬光年。

活躍星系核

2010 年 7 月

雖然所有密集、擠滿恆星的星系核心都是活躍的地方，但是星系中央核心必須要極度活躍才能被稱為「活躍星系核」（active galactic nucleus，簡稱 AGN）。更明確地說，AGN 是能量和光度極高的地方，我們所觀測到那麼高的活躍程度，不可能只由一群恆星就能夠製造出來。天文學家認為，AGN 是大量的氣體、塵埃、甚至是整顆恆星，掉入超大質量黑洞的地方，這些怪物黑洞的質量是我們太陽的 100 萬到 100 億倍。

距離銀河系最近的活躍星系核位於半人馬座 A 的中心，這個星系位於南半球半人馬座（Centaurus），距離我們大約 1100 萬光年。半人馬座 A 是一個巨大的橢圓星系，它有一個清晰可見的核球和一個中央圓盤，圓盤上有縱橫交錯的塵埃暗帶，直徑超過 6 萬光年，覆蓋的天空角度只比滿月小一點。半人馬座 A 也會發射強烈的 X 射線和電波噴流（從 AGN 射出的噴流，有些延展的長度可以超過一百萬光年）。

半人馬座 A 是一個星爆星系（見第 168 頁），會產生大量熾熱的年輕恆星和藍色星團，而這些大多會發生在中央核心附近（科學家認為在中央核心擁有一個質量超過太陽 5000 萬倍的超大質量黑洞）。從地面望遠鏡所拍攝的完整半人馬座 A 的影像中顯示，它的赤道盤面不是完全平坦的，而是翹曲的。這說明了這個星系在很久以前可能與另一個星系發生了交互作用，甚至是發生了碰撞和合併。過去與其他星系的互動，可能是造成目前半人馬座 A 裡恆星形成活動爆發的原因，因為星系合併所產生的衝擊波和潮汐力拉扯，使得氣體和塵埃分子雲重力崩塌，進而成為旋轉的原恆星盤，並且生成新的恆星。

哈伯WFC3所拍攝的半人馬座A的假色照片。半人馬座A是一個巨大橢圓星系，距離我們只有1100萬光年，星系中包含了離我們星系最近的超大質量黑洞。照片中的顏色是分別由紫外線、可見光和近紅外線濾鏡所拍攝的影像所合成的。

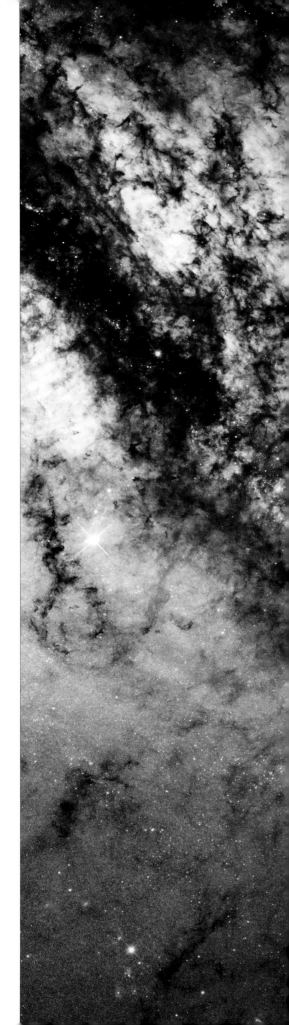

最奇特的星系

2010 年 12 月

在 1960 年代中期，美國天文學家赫頓·阿普（Halton Arp）發表了一本天體照片的圖集，當中收錄了 338 個星系，因為這些星系的外觀比起「正常」的星系顯得很不尋常，所以他稱這些星系為「奇特」（peculiar）的天體。阿普列出了數十個這種星系的特性，包括帶有分裂或脫離旋臂的螺旋星系；與螺旋星系相連的橢圓星系；帶有絲狀結構、尾巴、碎片、和其他分離部位的星系；還有似乎正在進行交互作用的多個星系。阿普編列的目錄非常有趣，因為其中包含了很多宇宙星系裡的古怪成員。

在阿普的圖集列表中，最常被哈伯拍攝的是一對距離地球約 3 億光年的星系，稱為 Arp 273（位於仙女座）。這張照片顯示出一對因重力交互作用而高度扭曲畸形的螺旋星系。

上方扭曲的星系，尤其是它的外圍旋臂，被下方（也是扭曲的）星系重力拉扯，使得上方外圍旋臂延展成一個寬大的環狀結構，而這星系扭曲的狀態與電腦模擬的結果是一致的。就像扔進湖里的石頭一樣，下方星系因碰撞所產生的重力漣漪，造成上方的星系變得翹曲、傾斜和扭曲。而下方星系中極度延展的旋臂、和由恆星組成的、被拉遠的微暗尾巴，也很有可能是星系碰撞的結果。

哈伯的影像中顯示，星系之間的重力交互作用也在兩個星系中掀起了恆星生成的浪潮。上方星系中，新生的恆星在明亮的藍色星團裡，沿著最外圍的旋臂出現照片的頂端。而下方星系中的新恆星生成，似乎大部分集中在螺旋星系的中央核心地區。

在這兩個即將碰撞的星系中，新恆星的誕生被認為是因為重力壓縮塵埃和氣體雲所造成的。像這樣的交互作用是使得星系形態變得奇特的其中一個原因，也是形成新一代恆星的一種方法。

左頁： 哈伯 WFC3 所拍攝的 Arp 273 假色照片。這個「奇特」的天體是一對螺旋星系，它們之間重力的交互作用，導致彼此的旋臂發生翹曲和扭曲。Arp 273 位於仙女座，距離我們大約 3 億光年。這張照片是由紫外線、藍色、和紅色濾鏡所拍的影像所合成的。

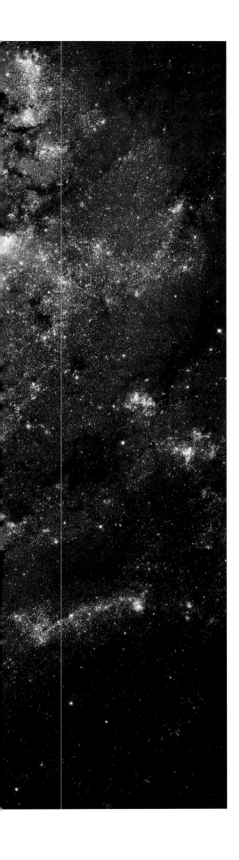

南風車星系

2012 年 9 月

螺旋星系是宇宙中最美麗、在數學上最優雅的天體之一。它們適合上鏡頭的美麗特質（尤其當螺旋星系以正面朝向我們時，可以看見它複雜的結構），成為業餘天文學家的熱門目標。

那些少數以正面朝向我們、並且離我們不算太遠（從宇宙的大尺度上來說）的螺旋星系，藉由哈伯和其他太空天文臺的觀測，可以為專業天文學家提供絕佳的機會來了解星系的結構、組成、起源和演化的精緻細節。梅西耶 83 就是一個很好的例子，又稱為「南風車星系」（Southern Pinwheel Galaxy），這是一個相對靠近且美麗的螺旋星系，也是業餘愛好者和專業人士最喜歡的觀測目標。

南風車星系寬度約 5 萬光年（大約是我們銀河系的一半），而且離我們「僅」約 1500 萬光年。它在天空中占據的角度大約是滿月的一半。由於南風車星系的大小和距離，若與更遙遠的螺旋星系相比，哈伯可以在它的結構中辨識出更精細的細節。從哈伯的照片和拼接影像中顯示出恆星演化的大量證據，藉由數千個年輕的星團、數十萬顆從年輕到年老的恆星，以及數百個最近發生（相對地）的超新星爆炸所產生的星雲「氣泡」，以此呈現了恆星的生命史。

特別令人驚嘆的是有許多明亮藍色的亮塊，沿著星系中寬鬆且佈滿灰塵的旋臂周圍散布開來，這些亮點正顯露了最近剛從星雲中生成的熾熱年輕恆星的蹤跡。當中許多的恆星年齡都不到數百萬年，它們會釋放出大量的紫外線能量，並且將旋臂中聚集起來的殘餘氫氣游離。從這些恆星發出的能量，再加上那些仍然深埋在氣體塵埃雲中的新生恆星所輻射出來的光，使得星系在這張照片中發出粉色紅的光芒。

南風車星系中較老的恆星，會傾向集中在星系的中央棒狀結構上，它們膨脹並且發出更黃的光芒。在哈伯影像中顯示，中央核心深處出現更多呈現典型亮藍色、高度活躍的恆星形成區。對此的其中一種假設，是南風車星系的中央棒狀結構，會將新的物質匯集到核心區域，因此有助於加速恆星誕生。

哈伯WFC3所拍攝的梅西耶83（南風車星系）的假色照片。這個美麗的螺旋星系位於南半球的長蛇座（Hydra），距離我們大爾1500萬光年。照片的顏色是分別由紫外線、可見光和紅外線濾鏡所拍攝的影像所合成的。

長時間碰撞的觸鬚星系

2013 年 7 月

旋雖然大部分太空中的空間都是空的，但是碰撞事件還是經常發生。小行星和彗星撞擊行星；恆星互相碰撞並合併成更大質量的恆星和黑洞，甚至整個星系都會發生相互碰撞事件，儘管「碰撞」這樣的描述並不完全正確。實際上發生的情況是，這些巨大的天體會穿過彼此，很少、甚至沒有單獨的恆星會真正發生碰撞。儘管如此，重力效應仍然是非常具有毀滅性的。

因星系碰撞而造成劇烈重力效應的例子當中，哈伯拍攝到的 NGC 4038 和 NGC 4039 是最引人注目的。這兩個巨大的恆星聚集體，一開始只是普通的螺旋星系，但大約在 10 億年前，它們在太空中移動的路徑愈來愈靠近，最後就碰撞在一起。數億年來，這兩個星系互相穿越對方，巨大的重力撕裂了它們原本優雅的螺旋結構，把恆星和巨大的氣體和塵埃雲彼此扯開，拖出一條長長的氣體流，從明亮的星系核心向外遠遠地延展開來。拉得又長又遠的氣體流讓人聯想到了昆蟲的觸角，因此暱稱為觸鬚星系（Antennae Galaxies）。

在大規模的星系碰撞之後，倖存下來物質中會爆發恆星生成的嬰兒潮。巨大的氣體和塵埃雲可能會相互撞擊、混合、壓縮並塌縮成大量的新生恆星，這些的熾熱的年輕恆星會聚集成藍色明亮的星團，沿著碰撞後殘留下來的原始星系外圍旋臂分布。其中新恆星的生成速度相當於星爆星系內的恆星生成率（見第 168 頁）。那些呈現粉紅色的明亮氣體雲（有部分被暗色的塵埃遮蔽住），散布在碰撞後的遺骸中，成為生成更多新恆星的原始材料。

觸鬚星系在彼此碰撞之後，因為重力吸引而緊靠在一起，在天空就像是兩個星系在慢動作的擁抱中定格了一樣。經由一些電腦模擬，科學家預測這兩個星系將持續以不斷縮小的軌道圓周相互繞行，直到它們最後合併成一個巨大的橢圓星系。類似這樣暴力的命運，也正在等著優雅的銀河系和仙女座星系，它們大約在 30 到 50 億年後也將會相互碰撞在一起。

遙遠的宇宙

宇宙放大鏡

2002 年 6 月

透鏡（通常由透明玻璃或塑膠製成）可以將光線彎曲並聚焦到某一特定焦點上（通常是相機的底片或是數位感測器）。透鏡可以放大影像。事實上，超大質量天體（例如黑洞或巨大星系團）的重力也是一種可以把光線彎曲的「透鏡」。哈伯已經拍攝到了這種「重力透鏡」（gravitational lenses）的影像和其他資料，其中包括名為 Abell 1689 的巨大星系團。Abell 1689 是由數百個星系和至少 16 萬個球狀星團組成的星系團，位於處女座，直徑約 200 萬光年，距離我們約 22 億光年。Abell 1689 是已知最大、最重的星系團之一，總質量高達數兆倍的太陽質量。這個星團的質量大到可以作為一個重力透鏡，把數百個更遙遠星系的光彎曲和放大（這些星系在宇宙中，從我們的視線方向看過去，其實是在 Abell 1689 正後方）。光線像這樣被大質量的天體所彎曲，是愛因斯坦在 20 世紀初提出的相對論當中很重要的預測之一。

　　天文學家發現幾個這種遙遠「透鏡」星系的例子，它們似乎與 Abell 1689 星系團裡的星系混合在一起，其中一個透鏡星系的年齡甚至有可能高達 130 億年（這個可追溯到宇宙最早期恆星和星系形成的時候）。重力透鏡效應允許像哈伯望遠鏡這樣的儀器看到更深遠的太空，從而可以追溯到比一般觀測更早期的宇宙。

　　那些在 Abell 1689 後方更遙遠的星系，在哈伯照片中呈現出發出藍光和紅光的弧形，而它們原本的外觀已經被星系團巨大的透鏡效應扭曲了。哈伯卓越的解析度和靈敏度，還有能在數十小時的曝光時間內收集這類微弱天體光線的能力，為深遠古老的宇宙提供了一個很難得的視野。在數十個已知具有這種強重力透鏡效應的天體之中，Abell 1689 只是其中一個。天文學家已經充分地利用了所有已知的這類天體，盡可能地了解從前遙不可及的早期宇宙，包括尋找第一代恆星如何生成的線索。

右頁：哈伯ACS所拍攝的遙遠星系團Abell　1689的照片。這個星系團距離我們大約22億光年，巨大前景造成的重力透鏡效應，放大了在星系團後方、從我們視角看去更遙遠的天體。這張彩色照片分別由綠色、紅色、和紅外線濾鏡拍攝的影像合成。

第184-185頁：這張星系團的照片是哈伯ACS和WFC3拍攝的合成影像。許多比Abell 370星系團更遙遠的星系，因為星系團的重力透鏡效應而被放大扭曲、抹成一團弧形的影像。在照片中混雜了許多更細的彎曲條紋，那些是太陽系中的小行星（見第66頁）在長時間曝光的拍攝過程中，飛越鏡頭中的視野所產生的。

類星體

2003 年 4 月

自從 1930 年代發現銀河系中心是一個強大的電波發射源之後,天文學家開始系統性地調查天空中其他可能的強大電波源,並且試圖了解這些天體是如何、以及為什麼存在。1950 年代後期,一個英國團隊在劍橋大學電波星表第三版(Third Cambridge Catalog of Radio Sources,又稱「3C」)中發表了他們的搜尋結果。這個星表中第 273 個被確認的天體(因此被稱為 3C 273),被發現與之前找到的某顆恆星位置相同,這後來演變成非常有趣的結果。

天文學家一直對這顆恆星的位置感到困惑,因為它的光譜——光以各種不同顏色和能量的方式輻射出來——與任何其他已知的恆星光譜都不相同。然而這個天體發射出的電波訊號提供了解答:它根本不是一顆恆星,而是一個異常明亮、且能量很高的巨大橢圓星系核心,距離我們超過 25 億光年。3C 273 是一種「類星體」(quasar,或是 quasi-stellar object),是已知宇宙中能量最高的其中一種天體。

在某些星系中央擠滿恆星的核心深處,有一個向太空噴出大量能量的巨大黑洞。這種活躍星系核(active galactic nuclei,簡稱 AGN,見第 176 頁)的質量是太陽的數百萬到數十億倍,靠著恆星掉入黑洞中來成長。3C 273 是第一個、也是最亮的一個 AGN 例子,它與我們的距離是天文學家所謂的「宇宙學距離」(cosmological distances)——天體距離太遙遠以至於它們的光到達我們的時間,占了整個宇宙年齡的很大一部分。

3C 273 是第一個被發現的類星體,因為它是距離我們最近的類星體之一(即使距離是大到驚人的 25 億光年)。這也表示 3C 273 是目前已知最明亮的類星體,它發出的光度是太陽的 4 兆倍以上。3C 273 雖然只能在望遠鏡中看到,但它本質上是非常明亮的,如果它恰好位在距離我們只有 30 光年的地方,那麼它會相當於我們天空中的太陽一樣亮。

像許多距離更近的 AGN 一樣,3C 273 也正發射出巨大的高能粒子噴流,噴流裡是被中央黑洞(質量為太陽的 9 億倍)加速的氣體和塵埃。這些噴流當中最長的大約有大約有 20 萬光年(可在這個哈伯影像中看到細節)。

嵌入圖: 哈伯WFPC2拍攝的類星體電波源3C 273,位於處女座,距離我們約25億光年。雖然類星體看起來很像天空中的恆星,但實際上它們是整個星系裡非常明亮和活躍的中心。這張彩色照片分別由藍色和紅色濾鏡所拍攝的影像合成。

右圖: 藝術家對於3C273這種古老遙遠的類星體想像圖,由高能粒子組成的雙極噴流看起來彷彿很靠近我們。

愛因斯坦十字

2003 年 8 月

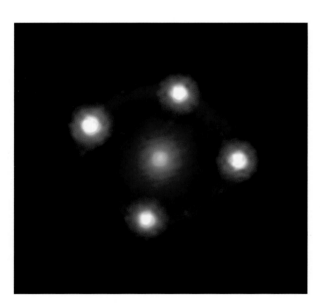

宇宙中質量最大的那些天體（如巨大星系或星系團），質量大到能夠彎曲周圍的光線，這種能力稱為重力透鏡（見第 186 頁「宇宙放大鏡」）。大多數透鏡的例子都是較遙遠的「正常」星系被前景的巨大天體放大和聚焦。然而，科學家也發現了少數前景星系被作為透鏡，來放大更遙遠的類星體，這些類星體是宇宙早期形成、具有超高能量的活躍星系核心（見第 188 頁「類星體」）。

重力透鏡效應中最最優雅、最美麗的影像，是當一個背景類星體的光線經由重力透鏡，在前景中被分裂成模糊的弧線、或是產生多個重新聚焦的圖案。其中有幾個少數的案例，是原始類星體被分成四個透鏡影像而造成的十字形圖案。為了紀念在廣義相對論中預測因為光線彎曲而產生視錯覺的著名物理學家，這種十字圖案於是被稱為「愛因斯坦十字」（Einstein Cross）。

哈伯拍攝了許多愛因斯坦十字的壯觀照片，這讓天文學家能夠非常詳細地研究重力透鏡效應，並且為那些來自 138 億年前早期宇宙的微弱天體提供了一個研究的窗口（這些遙遠天體發出的光線太微弱，因此哈伯無法直接觀測到）。右邊這張由哈伯 ACS 和 WFC3 影像所合成的影像，是一個特別壯觀的重力透鏡類星體 HE0435-1223（位於波江座）。

由地面望遠鏡所觀測到透鏡星系的光譜資料顯示，前景中的淡黃色橢圓星系距離我們大約 40 億光年，而經由透鏡出現的背景類星體可能距離我們將近 100 億光年——這個驚人的距離表示我們看到的這個活躍星系核，在大霹靂發生後僅僅大約 30 到 40 億年就出現了。

像這樣的愛因斯坦十字對天文學家來說，不僅僅是一種美麗的奇特天體。類星體會隨著時間變化，而這四個由相同背影類星體重新聚焦的影像，它們的光譜變化是相同，但是發生的時間卻不相同，因為在重新聚焦之前，分開的光線其各自行進的距離不同。天文學家測量了多個在愛因斯坦十字影像中的時間延遲（time delays），並利用這些結果將宇宙膨脹率（所謂的「哈伯常數」）的精確度限制在 5% 的誤差範圍內。

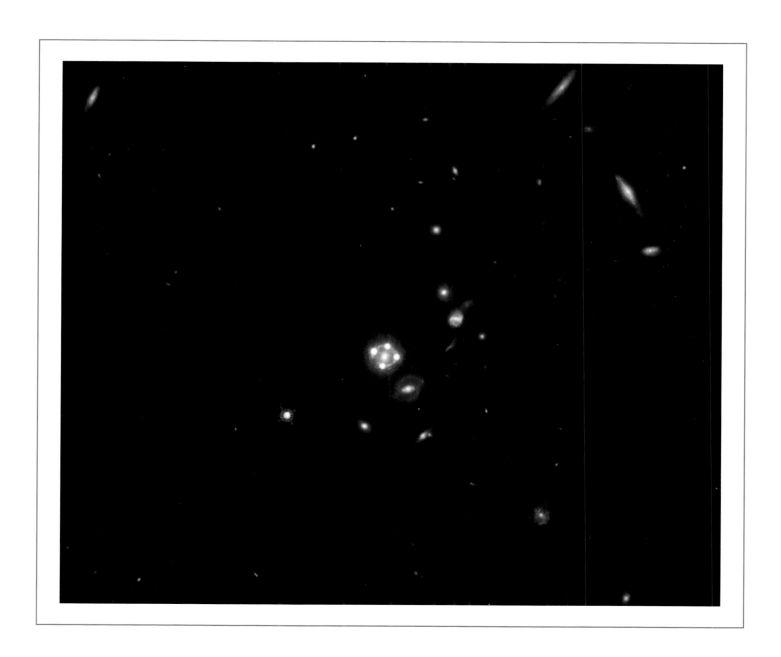

暗物質？

2004 年 11 月

過去幾十年來，宇宙學（研究宇宙的起源和演化）最重要的革命性發展，就是科學家證實了宇宙組成的假說：宇宙中一切我們看得見、可直接研究的天體都只是宇宙組成的一小部分。更明確地說，天文學家推論有一種神祕、看不見的物質遍布整個宇宙，我們只能間接地偵測到它，例如，經由它對「一般」物質所施加的重力影響來推論它的存在。宇宙中這種看不見的組成被稱為暗物質（Dark Matter）——不是因為它看起來是深色的，而是因為它根本無法被看見。

根據這個定義，那我們要如何偵測無法偵測到的東西？答案就是，暗物質雖然不像一般物質那樣會反射或發射電磁波輻射，但是它具有質量，因此擁有重力可以影響一般物質的運動。事實上，最初假設暗物質存在的原因之一，就是因為它可以解釋在大質量星系中，球狀星團或旋臂令人疑惑的運動現象——這個想法說明了這些無法解釋的運動，其實是受到星系周圍大量看不見的質量所影響．

遙遠星系團的重力透鏡效應（見第 186 頁「宇宙放大鏡」）也是一種間接研究暗物質的方法。例如，天文學家分析了星系團 Cl 0024+17 的哈伯影像（位於雙魚座，距離地球約 40 億光年），發現這個星系團正在放大許多來自更遙遠星系的光。藉由量測光線彎曲的程度，或是受到前景星系團透鏡效應的強度，天文學家能夠估算出星系團的重力場，並且發現從觀測到的星系所推估出來的質量，根本不足以造成那種強度的透鏡效應。

根據一些天文學家以電腦模擬 Cl 0024+17 重力場的結果顯示，這個星系團被一個巨大的「環狀」暗物質所包圍。有一種假設是，這個環狀結構是這個星系團很久以前與另一個巨大星系團碰撞的結果，這導致它們的暗物質光暈交互作用並且形成一個環。然而，有其他天文學家對這一個假設抱持著懷疑的態度，所有相關研究都還在持續進行中。

在一些宇宙學模型中，暗物質占了宇宙所有物質的 85% 或更多。如果真是如此，那代表我們、和所有可以直接觀察到的行星、恆星、和星系，在宇宙組成的比例中都降低到最小的一部分。

哈伯ACS拍攝的后髮座星系團影像，星系團中包含了一千多個橢圓星系和螺旋星系。后髮座星系團位於后髮座（星系團命名的源由），距離我們大約3.2億光年。這張彩色照片結合了藍色和紅色濾鏡拍攝的影像。

宇宙的邊界

2007 年 1 月

超星系團（超星系團）是宇宙中已知最大的結構之一，有由數百到數千個星系在重力作用下相互聚集在一起。至目前為止，經由較小星系團和超星系團所組成的星際網路，天文學家勾勒出大尺度結構（large-scale structure）中用來定義宇宙邊界的牆、絲狀結構、和空洞。

哈伯太空望遠鏡的卓越解析度，讓科學家能夠在相對鄰近的星系群中，不僅可以識別出星系團和超星系團裡的單一星系，還可以辨識出其中許多星系裡的單一球狀星團（由數百萬顆被重力束縛在一起的恆星所組成的球狀結構）。一個很好的例子就是來自於哈伯 ACS 對遙遠的后髮座星系團（Coma cluster）所拍攝的影像。這個星系團由一千多個被重力束縛在一起的星系所組成，它位於后髮座（Coma Berenices），距離地球大約 3.2 億光年。儘管距離很遙遠，但實際上后髮座星系團是離我們最近的星系團之一（除了我們銀河系所處的室女座星系團以外）。它也同時屬於一個更大的超星系團，稱為后髮座超星系團（Coma supercluster）。

從后髮座星系團的哈伯影像中顯示，星系團中有超過 22000 個點狀的球狀星團，其中有一些是圍繞著星系團裡的星系運行，但是有一些顯然是在星系之間的軌道上自由漂浮。科學家認為星系團內部星系之間的碰撞、或是靠近某碰撞事件，都會造成球狀星團從原本所屬的星系中脫離出去。例如，在后髮座星系團中心區域的哈伯影像中，有一串亮藍色孤立的球狀星團，在最大的兩個瀰漫橢圓星系之間形成了一個橋梁。這些遊蕩的球狀星團被稱為「星系團內球狀星團」（intracluster globular clusters），因為它們是被星系團的整體重力所束縛，而不是被星系團內某單一星系的重力所束縛。

那些在后髮座星系團中游蕩的球狀星團，為這種大尺度結構的重力場提供了另一種評估方法。事實上，星系團內球狀星團以及后髮座星系團中許多獨立的星系，它們「異常」的重力和運動軌跡，成了最早發現暗物質的證據之一（可追溯到 1930 年代），這也支持了宇宙物質是由暗物質所主導的假設，這些看不見的暗物質（見第 192 頁）只能藉由對一般物質的重力影響，才能間接地被偵測到。

史蒂芬五重星系

2009 年 8 月

在整個宇宙中，已經有數十萬個星系在星系團或超星系團中被辨識出來，其中有少數是存在我們自己鄰近的星系際裡彼此靠近的小型星系群當中。這樣的星系聚集被稱為「緻密星系群」（compact groups），只包含大約一百個星系。有史以來第一個被發現、也是最著名的星系群就是史蒂芬五重星系（Stephan's Quintet）。

這個緻密星系群在 1877 年由法國天文學家愛德華·史蒂芬（Édouard Stephan）所發現，它位於飛馬座（Pegasus），由五個不同的星系所組成。正如同哈伯 WFC3 影像中所見的細節，其中有兩個是典型的螺旋星系，另外有兩個是正在彼此交互作用的螺旋星系，還有一個是典型的橢圓星系。這五個星系當中，有四個主要是由較老的黃色恆星所組成，而第五個主要則是由較年輕的藍白色恆星所組成。

不過，五重星系中其實是有些是錯覺造成的，因為五名成員裡，實際上只有四個星系是真正彼此靠近。照片中四個最黃的星系，與距離我們約 2.9 億光年的一個緻密星系群有緊密的聯結。第五個星系（左上角較藍的星系）實際上與我們的距離比另外四個星系小七倍（距離大約 4000 萬光年），而且並沒有與其他四個星系一起在宇宙中運行。因此，這個星系群的名字其實應該要叫做「史蒂芬四重星系，前景加一」。

無論如何，這四個有緊密關聯且距離更遙遠的星系，其中有三個展示出它們曾經發生過（或正在持續發生）碰撞、或是彼此靠近的證據，其過程中所產生的的重力交互作用大幅地改變了它們的結構。照片中央的兩個星系似乎正在處於碰撞當中，而右上方的星系旋臂則是發生了顯著的改變（圍繞著星系中心的棒狀結構延伸了整整 180 度），這有可能是因為它與下方正在交互作用的兩個星系近距離接觸所造成的。

在中央這對交互作用的星系、與右上方緊鄰掠過的棒旋星系當中，由於重力的影響使得氣體和塵埃在旋臂中攪動，並且呈現出大量的星爆活動證據。在被扭曲破壞的旋臂上，可以看到最近才生成的熾熱、年輕的藍色恆星，還有深埋在發出紅粉色光芒的氫氣雲團中、剛誕生但還未露面的新生恆星。巧合的是，在左上方那個距離較近、較年輕的星系旋臂中，也可以看到類似的星爆活動。

第一個星系？

2011 年 3 月

右頁：這張巨大星系團 Abell 383 的照片，是由哈伯 ACS 和 WFC3 的影像合成的假色照片，這個星系團距離我們大約 25 億光年。在星系團後方經由透鏡效應而被模糊和放大的背景星系當中，有一對微弱的斑點，它們是距離我們大約 127.5 億光年的星系 —— 這是目前為止發現最古老的星系之一。這張 RGB 照片結合了 ACS 的綠色和紅外線影像，以及 WFC3 的紅外線影像。

天文學家對重力透鏡星系團（見第186頁「宇宙放大鏡」）非常感興趣且渴望一探究竟，其中一個原因是它們可以讓遙遠不可見的天體，聚焦到望遠鏡可見的視野裡。以宇宙學距離的角度來看，這表示透鏡星系團提供了一個機會去觀測特別古老的天體，這比任何其他觀測方法能夠看到的都深遠得多。

在闡述早期宇宙起源和演化的大霹靂理論中，假設第一批恆星和星系是相對較早形成的，有可能在最初的十億年或更早之前就已經存在了。然而，目前望遠鏡還未擁有足夠的科技——甚至功能強大的太空望遠鏡也沒有——能夠看到距離 100 到 120 億光年、或更久遠之前的宇宙。即使這樣的科技已經存在，從如此遙遠傳來的光線也會被過程中的氣體和塵埃削弱，這使得大多數的遙遠天體根本無法被偵測到。

然而，這正是重力透鏡發揮作用的地方，其中一個最令人驚嘆的例子，就是哈伯所拍攝的 Abell 383 巨大橢圓星系團影像（這個星系團位於波江座，距離地球約 25 億光年）。這是由數千個獨立星系、和它的暗物質銀暈（根據可見星系的重力結構推斷出來的）所組成的星系團。它產生強烈的透鏡效應，把在星系團「後方」的星系聚焦到前方我們可見的視野中。這些在星系團後方的星系所發出的光，被強大的重力抹成一團弧形的圖案。

但至少有一個遙遠的背景星系，清晰地被 Abell 383 的透鏡效應聚焦在前方。這個背景星系的光，被前方星系團的重力分成兩個各自聚焦的影像（見第 190 頁「愛因斯坦十字」），就出現在星系團明亮核心的正上方和左下方，看起來像是兩個暗淡、不顯眼的斑點。天文學家發現，這個特別的星系年齡大約為 127.5 億年，也就是說，在大霹靂之後僅約 9.5 億年它就形成了。在其他類似這樣藉由透鏡星系團把古老星系帶入我們視野中的例子裡，有發現到更古老的星系，有些甚至可以追溯到大霹靂之後僅僅 2 億年。第一批恆星——以及它們所聚集的第一批星系——顯然是從早期宇宙的原始材料中迅速生成的。

哈伯超深空

2012 年 9 月

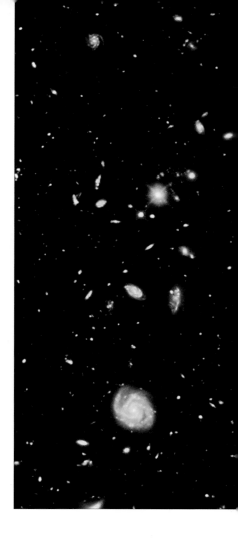

使用哈伯太空望遠鏡的優勢之一，就是觀測時間永遠不會被地球大氣中的雲層所影響。凝視太空深處的每一刻都非常清晰；如果望遠鏡在繞行地球時，儀器可以一直保持穩定的指向，那麼視野也將不會改變。天文學家利用這種穩定性拍攝了超長曝光的照片，他們讓哈伯對著天空中幾個特定的區域拍攝多張照片，打開快門曝光的時間加起來長達數天甚至數個星期，藉以收集有史以來最微弱、最遙遠星系的光線。

天文學家將這種長時間曝光的成像稱為「深空」（deep field）攝影，因為曝光時間愈長，就可以得到更多從古老深遠的時空中傳來的光線。這種定向和凝視（point-and-stare）的方法最近期的例子，就是哈伯的全波段（從紫外線到紅外線）深空攝影。這張照片稱為超深空（Ultra Deep Field）影像，是在 2002 年至 2012 年期間，利用 ACS 和 WFC3 儀器以總曝光時間超過 200 萬秒（超過三週）拍攝的影像疊合而成。觀測的區域位於天爐座，視野範圍非常小，而且在天空中基本上是相對「空白」、隨機的區域。科學家之所以會選擇這個區域，主要是因為在哈伯的視野中，這個天區正巧遠離了幾乎所有鄰近恆星的影響。

在哈伯望遠鏡的有生之年，都持續地對這樣的深空進行愈來愈深遠的拍攝，在某方面這也驗證了哈伯望遠鏡確實是一種時光機器。在超深空的影像中，科學家可以辨識出一些大約在 133 億年前（大霹靂之後僅約 4 億年）生成的最古老星系。這張照片就像是一個岩心標本（core sample），可以從鄰近的時空一直回溯到宇宙遙遠的過去。

哈伯超深空的影像是哈伯望遠鏡有史以來獲得最令人驚嘆照片之一（不論是使用多種顏色的濾鏡、或是影像的形式）。照片中可以看到超過一萬個天體，其中絕大多數——甚至那些看起來只是一個點的天體——都是一整個星系。這個隨機的視野在天空中，只有滿月寬度的 0.5%，這相當於你通過一根約 240 公分長的吸管往上看到的天空大小。想像一下，如果將這張照片裡看到所有的各式各樣的星系，延伸到整個天空中，那麼你所看到的星系數量就是真正所謂的「天文數字」了。

右頁上： 哈伯的超深空影像，由 2002 年至 2012 年間拍攝同一小塊天空的數百張影像疊合而成。這張彩色影像是由 ACS 和 WFC3 儀器中一共 13 種不同的濾鏡所拍攝的影像所合成的，涵蓋的波長範圍從紫外線到紅外線。

右頁下： 哈伯每一次拍攝的深空影像都往回看得更遠，現在已經可以觀測到到大霹靂之後不到 5 億年的早期宇宙了。

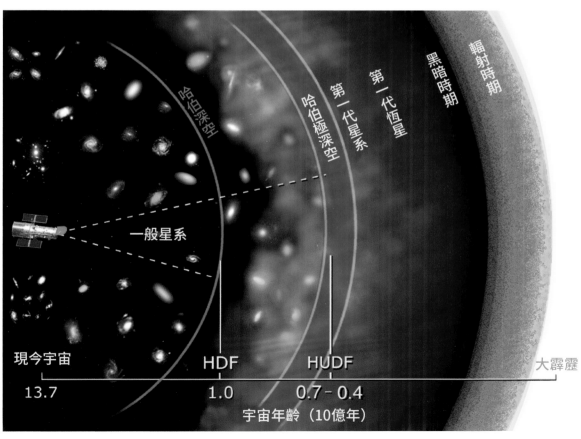

哈伯深空

哈伯極深空

第一代星系

第一代恆星

黑暗時期

輻射時期

一般星系

現今宇宙

HDF

HUDF

大霹靂

13.7

1.0

0.7－0.4

宇宙年齡（10億年）

伽瑪射線暴

2013 年 7 月

1960 年代，美國軍方部署了一系列地球軌道衛星，目的在於偵測蘇聯或其他國家祕密核子武器試驗所發出的高能輻射。然而令人意外的是，衛星卻偵測到來自宇宙深處強烈爆炸所發出的高能伽馬射線。經過幾十年的追蹤觀測，天文學家發現這些伽馬射線暴（Gamma Ray Bursts，縮寫為 GRB）是大質量恆星在塌縮成緻密天體（如中子星或黑洞）的過程中引發的巨大爆炸。

伽瑪射線暴是宇宙中最明亮的單一電磁事件，它在幾秒鐘內產生的能量，就跟我們太陽的整個生命周期所產生能量一樣多。伽瑪射線暴也是極其罕見的事件，預估在每個星系每百萬年只會發生幾次而以。這些事件為天文學家提供了一個直接的管道，來研究恆星演化末期發生的劇烈、且充滿能量的恆星活動。因此天文學家也發射了自己的衛星來探測伽瑪射線暴，並且建立了一個特殊的網路，可以在發生伽瑪射線暴的時候即時提醒其他的天文學家。

哈伯望遠鏡也是參與在這個網路中的天文臺之一，它可以通過紫外線、可見光、和紅外線的影像和光譜，來持續追蹤伽瑪射線暴。在爆炸發生後的數小時到數天，若仔細觀察其能量逐漸減弱的方式，除了可以詳知事件發生的類別，還可以了解緻密天體（見第 154 頁「來自怪物黑洞的凝視」）產生的物理機制。

其中一個例子，就是名為 GRB 130603B 的伽瑪射線暴。它是由 NASA 的雨燕伽瑪射線暴衛星（Swift GRB satellite）於 2013 年 6 月 3 日，在獅子座方向的一個先前未知的星系中發現的。在爆炸後 10 天內，地面的控制人員能夠即時將哈伯指向那個星系，並獲得可見光和紅外線的影像。這些影像顯示了巨大爆炸後的微弱餘輝，這有助於確認原始爆炸發生的確切位置。科學家根據哈伯的資料分析、和其他望遠鏡的觀測結果，認為這個逐漸微弱的爆炸餘輝是來自於一種新型的超新星爆炸，稱之為「千級新星」（kilonova），或者是假設它為一顆質量相對較低的白矮星塌縮所造成的。

天文學家發現伽瑪射線暴持續的時間各不相同，從短（最多幾秒）到長（最多幾個小時），再到超長（比幾個小時更長），每個不同長度的持續時間，都對應到了特定的天體內部機制和假設，例如恆星爆炸或緻密物體的合併。

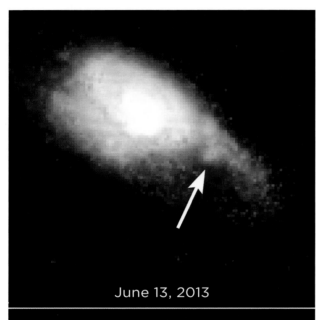

June 13, 2013

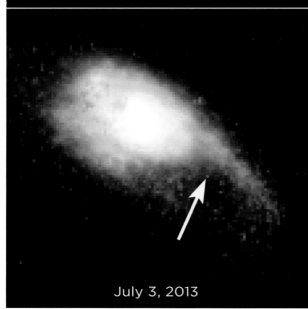

July 3, 2013

哈伯 ACS 和 WFC3 拍攝的 GRB 130603B 假色照片。哈伯在 2013 年 6 月 3 日偵測到伽馬射線暴，在十天後的紅外線影像中顯示了爆炸餘輝，再十天後就逐漸消失（左下嵌入圖）。這張 RGB 照片由 ACS 的紅色濾鏡和 WFC3 的紅外線濾鏡拍攝的影像合成。

星系團碰撞

2014 年 8 月

宇宙中各種尺度的碰撞都有可能發生，從塵埃顆粒之間的微小碰撞，到整個星系團的大規模交互作用。哈伯和其他先進的天文臺為許多這樣的大規模碰撞提供了前排搖滾區，讓人們能夠更深入地了解宇宙最大尺度的重力交互作用，以及暗物質在塑造宇宙大尺度結構中扮演的角色（見第 192 頁「暗物質？」）。

在一項聯合觀測計畫中研究的天體 MACS J0416，就是一個華麗的例子。MACS J0416 是兩個即將發生碰撞和合併的巨大星系團，位於波江座，距離地球約 43 億光年。在哈伯 ACS 和 WFC3 的影像中，正在合併的兩個星系團都各自顯示了因重力透鏡而出現背景星系的證據（見第 186 頁「宇宙放大鏡」）。那些來自更遙遠天體的光線，被前景星系團的巨大質量（估計超過太陽質量的 160 兆倍）抹成一團扭曲且呈現弧形的影像。天文學家根據這種重力扭曲的性質，加上其他參與合併的數千個星系所提供的線索，繪製出與這些星系團相關的暗物質分布圖。

科學家把哈伯的影像，結合 NASA 錢卓 X 射線天文臺所得到的星系團 X 射線資料（可以顯示出在星系大量聚集的天體中的氣體溫度）。同時，也結合來自美國國家科學基金會（National Science Foundation）甚大天線陣列（Very Large Array）的地面電波望遠鏡，其所得到的星系團電波影像（可以偵測到在個別與群體星系交互作用時，因為重力所產生的擾動和衝擊波現象）。

結合後的資料顯示，這些特殊巨大結構的碰撞事件才剛要開始，因為兩個合併星系團中的熱氣體和推算出來的暗物質分布，都還沒有發生因合併而預期會產生的混亂與破壞。相反的，個別星系團中的星系、氣體和暗物質的分布，似乎大部分是各自獨立的。然而，整個系統處於即將產生混亂的邊緣，因為這個碰撞事件預計將在未來數百萬到數十億年內展開，最終它們將會合併成一個超級星系團。

MACS J0416 的假色影像，它是位於波江座，距離地球約 43 億光年的星系團。這張合成影像使用了三個不同望遠鏡的資料：由哈伯 ACS 和 WFC3 可見光和紅外線濾鏡（紅色、綠色、和藍色）拍攝的影像；瀰漫的藍色是錢卓 X 射線望遠鏡的資料；瀰漫的粉紅色是甚大天線陣列的電波資料。

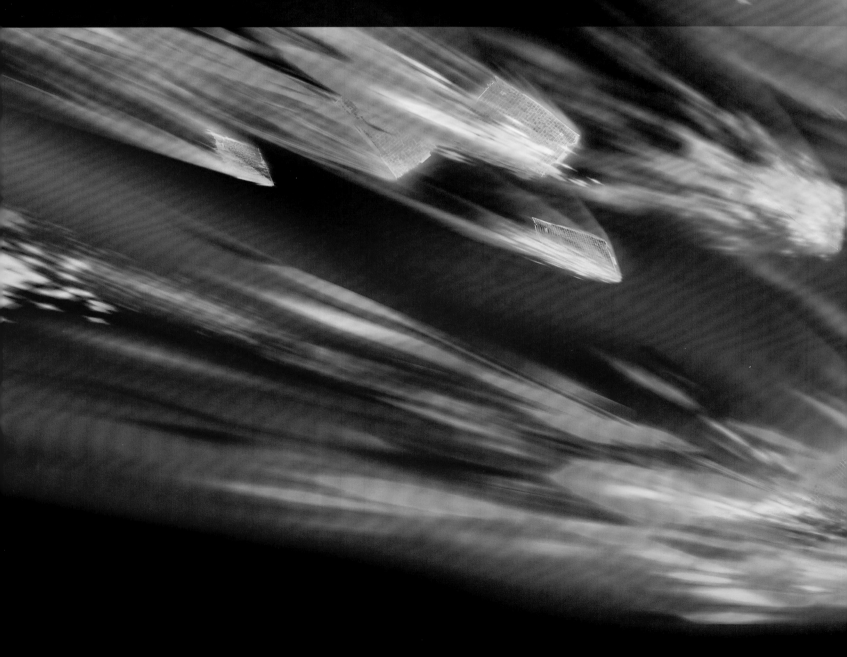

哈伯之後的
太空之眼

詹姆斯・韋伯太空望遠鏡

2021 年

第 206-207 頁：這是歐洲太空總署自動運載飛船衛星（Automated Transfer Vehicle satellite）解體和重返大氣的想像圖。哈伯的高度控制和穩定系統在 2020 年代的某個時候停止工作之後，很可能就要上演這樣的場景。

下圖：2017 年 12 月攝於德州休士頓 NASA 詹森太空中心的詹姆斯・韋伯太空望遠鏡主鏡和支撐結構，後方是巨大的熱真空室。

哈伯太空望遠鏡預計在 2020 年代的某個時刻退役，在那之後，太空望遠鏡的下一步是什麼？NASA 的答案是：詹姆斯・韋伯太空望遠鏡（James Webb Space Telescope，簡稱為 JWST），這是一個更大、更複雜的天文臺，最佳化在紅外線波段。JWST 是哈伯的繼承者，以 NASA 前署長詹姆斯・韋伯的名字來命名，他任職於 1961 年至 1968 年，其間曾領導 NASA 的阿波羅登月計畫。

與哈伯一樣，JWST 從構想到任務實現也需要很長的時間。任務從 1990 年代中期開始構想，一開始的規畫是一架配上 8 公尺直徑主鏡的紅外線太空天文臺，名為「下一代太空望遠鏡」（Next Generation Space Telescope）。到了 2000 年代初期，NASA 和國會已批准一項計畫，把主鏡縮小到 6.5 公尺，好讓任務總成本控制在低於 10 億美元，並預計在 2010 年發射。然而，除了設計上的技術和管理問題，JWST 的製造和測

試也讓 NASA 十分苦惱，此時花費金額已飆升至超過 100 億美元，發射時間也可能不會早於 2020 年 5 月。歐洲太空總署和加拿大太空總署也為這個任務做出了貢獻。

JWST 的主要科學目標，是找尋第一代的恆星和星系發出的光、研究星系的生成和演化、了解恆星和行星系統的形成，以及研究行星系統和生命的起源。

儘管起步不是很順利，預算問題一直存在，發射日期也不斷延遲，但從所有的評估來看，JWST 應該是值得付出這麼多金錢與等待的。這個望遠鏡主鏡的集光面積大約是哈伯的五倍，因此能夠偵測到更暗的天體。JWST 使用石墨複合材料與「開放式鏡筒」（open tube）的設計，因此儘管主鏡的尺寸更大，但質量只有哈伯的一半。由於望遠鏡開放式的設計和進行紅外線觀測時的需求，天文臺必須使用大型反射遮陽板來讓主鏡和儀器遠離陽光直射，並且盡可能保持低溫。除此之外，JWST 將部署在地球上方約 150 萬公里、一個名為 L2 的重力平衡點上。在這個軌道上，JWST 不但能與地球保持足夠近的距離以進行良好的電波通訊，又有夠遠的距離以避免任何來自地球或月球的紅外線「污染」。處在這個遙遠的位置，也表示 JWST 將來不太可能由太空人來維護或修理，至少非常困難。

哈伯太空望遠鏡及其 2.4 公尺主鏡，與 JWST 及其 6.5 公尺主鏡的比較。

WFIRST

哈伯太空望遠鏡的定位系統或其他關鍵儀器的壽命，預計在 2020 年代初期到中期之間告終，而 JWST 是針對紅外線波長進行最佳化的設計（見第 208 頁），所以在可見光波段，天文學家未來就沒有可用的大型太空天文臺。因此設計一個用來取代哈伯的觀測電磁波段的太空望遠鏡計畫正在進行中。

這個用來替代哈伯的望遠鏡，被稱為廣域紅外線巡天望遠鏡（Wide Field Infrared Survey Telescope，簡稱 WFIRST）。WFIRST 是美國國家偵察局（National Reconnaissance Office）捐贈給 NASA 的望遠鏡，主鏡直徑 2.4 公尺，原本計畫是作為間諜衛星。WFIRST 的解析度和哈伯同樣高，但視野比哈伯大 100 倍（相當於滿月的大小）。如此寬廣的視野將使 WFIRST 能在可見光到短波紅外線的波長範圍內，更有效率地掃描天空進行類似哈伯的深空觀測。

這個望遠鏡的主要科學目標，是透過觀測遙遠的超新星和重力透鏡來研究暗物質和暗能量（可能導致宇宙加速膨脹的神祕力量），以及進行所有已知系外行星的性質普查，藉由隔開母恆星造成的「光害」來搜尋和研究新的系外行星特徵。

WFIRST 將使用兩種主要儀器：一種是紅外線相機和光譜儀，用來作廣域巡天觀測的天體成像與組成分析；另一種稱為日冕儀（coronagraph），藉由隔離星光來對系外行星進行直接成像，可偵測到非常靠近恆星、但亮度比恆星低 10 億倍的行星。與 JWST 一樣，WFIRST 會發射到離地球特定高度的穩定軌道上，因此可以比哈伯進行更頻繁的觀測（哈伯因為在低軌道上，視野有一半時間會被地球阻擋），而且不會受到地球或月球散射出來的光線影響。

WFIRST 最初在 2014 年以 NASA 的資金進行細部研究，之後得到國會的支持和資金援助而持續穩定進展。這個計畫的預算上限為 32 億美元，然而，姑且不論 NASA 對 JWST 的行程與預算難以掌控，WFIRST 在被正式批准為新的 NASA 太空天文臺計畫之前，還是面臨到一些政治上的反對聲浪，設計師也必須先克服許多技術上的問題。如果這個計畫在 2020 年獲得批准，WFIRST 就有可能在年內發射升空。

廣域紅外線巡天望遠鏡（簡稱 WFIRST）的想像圖。這是口徑 2.4 公尺的太空望遠鏡，採用與哈伯相近的解析度來對天空作大區域的巡天觀測。

LUVOIR

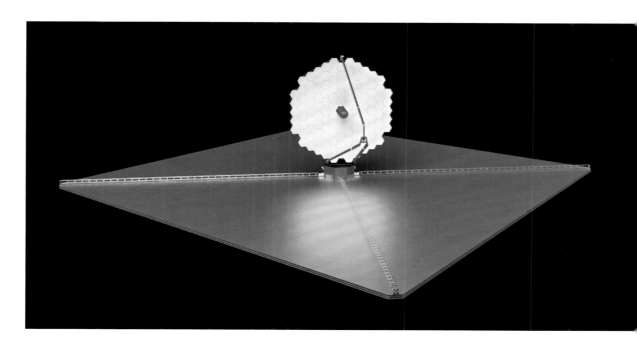

一旦哈伯太空望遠鏡的任務在 2020 年代的某個時刻結束，假設 JWST 和 WFIRST 等後續望遠鏡能成功發射和運轉，天文學家仍然無法像使用哈伯一樣以紫外線（UV）來觀測宇宙。首先，紫外線會被地球的大氣所吸收，因此無法以地面望遠鏡偵測到。其次，哈伯之後的太空望遠鏡的觀測能力都是專為可見光或紅外線波段進行最佳化。因此，天文學界正在尋求哈伯退役之後的新管道，希望能夠重建和增強太空觀測紫外線的能力。

　　其中一項最有可能實現的候選任務，稱為「大型紫外線可見光紅外線巡天」（Large UV Optical Infrared Surveyor，簡稱 LUVOIR）望遠鏡。LUVOIR 表面上看起來很像 JWST，採開放式望遠鏡設計，有遮陽板提供隔熱保護，而且離地球和月球夠遠，可避免散射光的污染，但又近到可以進行高頻寬的電波通訊。然而，LUVOIR 會設計成為比 JWST 大得多的望遠鏡，主鏡直徑可達 15 公尺，集光面積分別是 JWST 和哈伯望遠鏡的 5 倍和 40 倍。發射時間目前假定在 2030 年代初期。

　　LUVOIR 將利用多波段觀測的能力，來達到宇宙學上廣泛的科學目標；恆星和星系天文學，以及系外行星和太陽系的研究。具體而言，對於天文物理學和宇宙學，LUVOIR 的儀器和觀測著重於延伸哈伯對恆星和行星系統生成的探索；了解星系的形成和演化；測繪早期宇宙的結構。在太陽系和系外行星的研究方面，LUVOIR 的儀器和觀測將能夠分析系外行星大氣和表面的結構和組成，尤其是尋找其他世界中可能有生命存在的「生物特徵」（例如超量的氧或甲烷）。對於太陽系內部，LUVOIR 的紫外線和可見光的觀測能力，將比哈伯更能詳細研究巨行星的大氣層、磁層和極光的組成和時變動力學（time-varying dynamics）；木衛二和土衛二這類冰質衛星上的間歇泉組成和可能存在的地下海洋特性；以及彗星、小行星和遙遠古柏帶天體的組成。

　　LUVOIR 的最終命運，會根據天文學界在 2020 年代將要進行的詳細研究結果，來決定是否值得發展下去。

這是「大型紫外線可見光紅外線巡天望遠鏡」（LUVOIR）的概念圖。作為 JWST 的可能繼承者，LUVOIR 將使用直徑 8 到 15 公尺的主鏡、和類似 JWST 的遮陽板，以保持望遠鏡和儀器所需的低溫。

HABEX ／遮星罩

過去幾十年裡，系外行星（繞行其他恆星的行星）的發現和初步辨識有了革命性的發展。目前已知有四千多顆系外行星繞著鄰近的類日恆星運行，其中有幾十顆可能與地球大小差不多，所處的環境條件也可能與地球非常相似。等到天文學家能詳細描述這些類地行星的表面和大氣層特徵，並且可以評估它們的適居性時，系外行星研究就可以跨出下一大步。

科學家正在研究一個這樣概念的太空望遠鏡，稱為「適居系外行星成像任務」（Habitable Exoplanet Imaging Mission，簡稱 HabEx），正尋求在 2030 年代中後期發射的機會。HabEx 會在類日恆星（具有長期且穩定的氫燃燒壽命，且發出的紫外線和其他高能輻射強度也不會對有機分子造成致命傷害）周圍的「適居帶」（habitable zone）內尋找行星並分析它的特性。類日恆星在我們鄰近的星際區域，以及銀河系和其他星系中都很常見，這也是到目前為止對系外行星進行搜尋和特性分析的任務重點，例如 NASA 的克卜勒太空望遠鏡任務。克卜勒和其他搜尋任務發現，幾乎所有類日恆星都有行星系統，從一顆到十多顆行星都有。更深入搜尋行星和發現潛在的「地球 2.0」，這樣的任務前景是很有希望達成的。

在目前的設計概念中（當然以後可能會變），HabEx 會部署一個直徑約 4 公尺的望遠鏡，它的成像和光譜儀器著重在紫外線和可見光的觀測能力，但也會具備有限的紅外線觀測能力。同時部署的還會有一個大型的「遮星罩」（starshade，展開直徑約數十公尺），這是一種輕質材料的遮罩，可以「隱匿」或阻擋來自母恆星的光，藉此 HabEx 就可以取得任何靠近母恆星、但沒被遮星罩遮住的行星影像和光譜。使用遮星罩可以偵測到亮度可能只有母恆星的 100 億分之一的行星發出的微弱光線。

與 LUVOIR 一樣，太空科學界也正在評估 HabEx 的構想（以及任何使用遮星罩概念的太空望遠鏡），這是美國國家科學院的天文學和天文物理學十年調查（Decadal Survey of Astronomy and Astrophysics）內容的一部分，已在 2021 年進入同儕審查階段。

適居系外行星成像任務（HabEx）太空望遠鏡的概念圖之一，連同它的遮星罩（目的在阻擋星光，以便更容易偵測到靠近母恆星的小型行星）。

起源

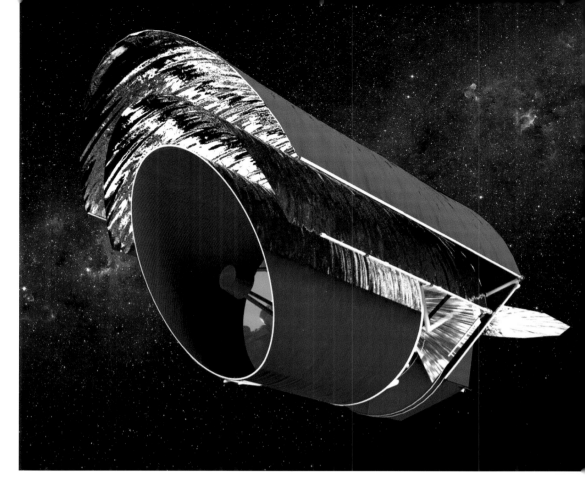

哈伯在發射的前幾十年就已經開始規畫了，哈伯的繼任者詹姆斯・韋伯太空望遠鏡（JWST）也是如此，而未來將繼承 JWST 的望遠鏡任務則是現在正要開始規畫。明確地說，NASA 和太空科學界正在考慮在 2030 年代可能部署的四架大型太空望遠鏡：Lynx，用來強化錢卓 X 射線望遠鏡的發現成果的 X 射線天文臺；LUVOIR 和 HabEx，兩架具有紫外線、可見光、紅外線觀測功能的太空望遠鏡（分別見第 211 和 212 頁）；以及第四架還在概念階段的「起源太空望遠鏡」（Origins Space Telescope，簡稱 OST）。

OST 正如其名，將會專注於各種天體的起源，包括：行星以及孕育行星的原行星盤；恆星以及孕育恆星的星際分子雲；星系和位於星系中心的超大質量黑洞；以及回溯至大霹靂後最初那段時間的早期宇宙。就像 LUVOIR 和 HabEx 一樣，OST 也會特別觀注小型岩質類地行星的表面和大氣特性，這些系外行星主要是在恆星周圍的適居帶內運行。

與其他考慮在 2030 年代上線的大型太空望遠鏡相較，OST 的不同之處在於它會針對電磁頻譜中紅外線波段的深空觀測進行最佳化。紅外線是行星釋放大部分熱能的波段，也是使星雲和星系中許多塵埃暗帶變得相對透明的觀測波段，這讓科學家得以深入天體內部去研究其詳細的物理機制。目前的構想是採用 6 到 10 公尺規模的主鏡，用以提高現有 JWST 的解析度和靈敏度。導入新科技的偵測器和遮陽板的設計，可讓 OST 的靈敏度比 JWST 或之前的任何紅外線太空望遠鏡高 100 到 1000 倍。

在某種意義上，Lynx、LUVOIR、HabEx 和 OST 都在競爭同一筆可能價值數十億美元的太空望遠鏡預算，這是 NASA 和其他感興趣的太空總署合作夥伴在 2030 年代可能可以負擔得起的花費。就像哈伯望遠鏡和其他已經（或即將）升空的驚人太空望遠鏡一樣，若要從這些 2030 年代的任務構想中勝出，必須通過嚴格的科學標準和全球太空科學界的審視，以及政治上的預算監督。

NASA 的起源太空望遠鏡（OST）早期概念圖之一，OST 是一個口徑 6 到 10 公尺規模的天文臺，設計目的是接續詹姆斯・韋伯太空望遠鏡之後的紅外線觀測任務。

備註和延伸閱讀

為了寫這本書而作研究時，我查閱了許多不同的資料來源，包括一般性的歷史和百科全書，以及經過同儕審查的專業論文出版品，以查證各種資訊的真實性（或是大家的共識範圍在哪裡），同時還有各種可以追蹤額外細節與後續發展的網站。如果你對本書由天文學家和行星科學家使用哈伯進行探索的任何壯觀影像、奧祕和新發現感到興趣和好奇心，可以進一步參考下列資源。

　　至今哈伯太空望遠鏡已經在 30 年的生命中，對數萬個天體拍攝了數以十萬計的影像，但是礙於篇幅的限制，我只得擅自以作者的身分，加入我個人、以及作為哈伯使用者的專業偏見，來決定書中應該收錄哪些影像。若是由其他人來寫這本書，肯定會選出另外一組不同的哈伯經典照片，不過我相信應該會和我的選擇有很大的重疊。儘管如此，這本書若未來有機會改版，我很樂意考慮替換其他圖片的建議，當然也歡迎任何關於內容的更正或建議，來信請寄：Jim.Bell@asu.edu。

哈伯太空望遠鏡的歷史與精華

The Hubble Cosmos: 25 Years of New Vistas in Space, D. H. Devorkin, R. W. Smith, and R. P. Kirshner, National Geographic, 2015.

"Hubblesite," http://hubblesite.org

"Hubble Space Telescope," NASA Web page: https://www.nasa.gov/mission_pages/hubble/main/index.html

"Hubble Space Telescope," Wikipedia entry: https://en.wikipedia.org/wiki/Hubble_Space_Telescope

The Hubble Space Telescope: From Concept to Success, Springer Praxis, 2015.

Hubble's Universe: Greatest Discoveries and Latest Images, T. Dickinson, Firefly Books, 2017.

NASA Hubble Space Telescope: Haynes Users' Guide, Haynes, 2015.

Spitzer, Lyman Jr., "Report to Project Rand: Astronomical Advantages of an Extra-Terrestrial Observatory" (1946), reprinted in *NASA SP-2001–4407: Exploring the Unknown*, Chapter 3, Doc. III-1, p. 546.

Spitzer, Lyman S. (March 1979). "History of the Space Telescope". *Quarterly Journal of the Royal Astronomical Society*. 20: 29–36. Bibcode:1979QJRAS..20...29S.

哈伯 ACS 拍攝的鯨魚星系（Whale galaxy，NGC 4631）局部的假色照片，這個星系位於獵犬座，距離我們大約 1900 萬光年，我們看到的是這個螺旋星系的側面，穿過星系旋臂上的塵埃暗道，可以看到它明亮的核心（圖左），那是一個非常活躍的恆星形成區。

天文科普書籍

A Brief History of Time, S. Hawking, Bantam Books, 1998.

Astronomy: A Self-Teaching Guide, D. L. Moché, Wiley, 2014.

Astronomy for Kids: How to Explore Outer Space with Binoculars, a Telescope, or Just Your Eyes!, B. Betts and E. Colón, Rockridge Press, 2018.

The Astronomy Book: Big Ideas, Simply Explained, DK Books, 2017.

The Cosmic Perspective (textbook), by J. O. Bennett, M. O. Donahue, N. Schneider, and M. Voit, Pearson Education Inc., 2019.

The Space Book, Jim Bell, Sterling, 2018.

Turn Left at Orion, G. Consolmagno and D. M. Davis, Cambridge Univ. Press, 2019.

天文科普網站

Astronomy Magazine: http://www.astronomy.com

Astronomy Picture of the Day: https://apod.nasa.gov/apod

Astronomical Society of the Pacific: https://www.astrosociety.org

Bad Astronomy by Phil Plait: https://www.syfy.com/tags/bad-astronomy

Curious About Astronomy?: http://curious.astro.cornell.edu

European Space Agency: http://www.esa.int/ESA

NASA: http://nasa.gov

Sky and Telescope Magazine: https://www.skyandtelescope.com

Space.com: http://space.com

太陽系

The Great Comet Crash: The Collision of Comet Shoemaker-Levy 9 and Jupiter, edited by J. R. Spencer and J. Mitton, Cambridge, 1995.

The Extrasolar Planets Encyclopaedia, http://exoplanet.eu

"HST Studies of Mars," J. F. Bell, in *A Decade of Hubble Space Telescope Science*, eds. M. Livio, K. Noll, & M. Stiavelli, Cambridge, 2003.

Hubble Outer Planet Legacy Program, https://archive.stsci.edu/prepds/opal

Hubblesite: Solar System Highlights: http://hubblesite.org/images/news/82-solar-system

Hubblesite: Exoplanets Highlights: http://hubblesite.org/images/news/51-exoplanets

NASA's Planetary Science Division, https://science.nasa.gov/solar-system

The Planetary Society, http://www.planetary.org

The Ultimate Interplanetary Travel Guide, Jim Bell, Sterling, 2018.

恆星

Black Holes & Time Warps: Einstein's Outrageous Legacy, K. Thorne and S.Hawking, W. W. Norton, 2014.

The Complex Lives of Star Clusters, D. Stevenson, Springer, 2015.

Extreme Explosions: Supernovae, Hypernovae, Magnetars, and Other Unusual Cosmic Blasts, D. Stevenson, Springer, 2014.

"How Stars Work," *How Stuff Works* web site, https://science.howstuffworks.com/star5.htm

Hubblesite: Stars: http://hubblesite.org/images/news/2-stars

Star Clusters, https://en.wikipedia.org/wiki/Star_cluster

Stars, J.B. Kaler, W. H. Freeman, 1998.

星雲

An Introduction to Planetary Nebulae, J. J. Nishiyama, IOP Concise Physics, 2018.

Dark Nebulae: http://abyss.uoregon.edu/~js/glossary/dark_nebula.html

H II Regions (Emission Nebulae): https://en.wikipedia.org/wiki/H_II_region

"'Hubble Goes High-Definition to Revisit Iconic 'Pillars of Creation,'" NASA Web Page, Jan. 5, 2015: https://www.nasa.gov/content/goddard/hubble-goes-high-definition-to-revisit-iconic-pillars-of-creation

Hubblesite: Nebulae: http://hubblesite.org/images/news/3-nebulae

Planetary Nebulae, https://en.wikipedia.org/wiki/Planetary_nebula

Reflection Nebula: https://www.nasa.gov/multimedia/imagegallery/image_feature_701.html

星系

Edwin Hubble: Mariner of the Nebulae, G. E. Christianson, Taylor & Francis, 2019.

"The first picture of a black hole opens a new era of astrophysics," L. Grossman and E. Conover, *Science News*, April 10, 2019: https://www.sciencenews.org/article/black-hole-first-picture-event-horizon-telescope

Galaxies, T. Ferris, Random House, 1988.

Galaxy: https://en.wikipedia.org/wiki/Galaxy

Galaxy: Mapping the Cosmos, J. Geach, Reaktion Books, 2014.

Galaxy Classification: https://lco.global/spacebook/galaxies/galaxy-classification/

Galaxy Mergers: http://astronomyonline.org/Cosmology/GalaxyMergers.asp

Hubblesite: Galaxies: http://hubblesite.org/images/news/4-galaxies

遙遠的宇宙

Clusters of Galaxies: https://www.astronomynotes.com/galaxy/s9.htm

Cosmology: https://en.wikipedia.org/wiki/Cosmology

"Dark Matter and Dark Energy," *National Geographic Web Site*, https://www.nationalgeographic.com/science/space/dark-matter

Hubblesite: Cosmology, http://hubblesite.org/images/news/12-cosmology

Hubblesite: Deep Fields, http://hubblesite.org/images/news/14-deep-fields

Hubblesite: Galaxy Clusters, https://hubblesite.org/images/news/15-galaxy-clusters

Hubblesite: Gravitational Lensing, http://hubblesite.org/images/news/18-gravitational-lensing

"What is the Big Bang Theory?" E. Howell, Nov. 7, 2017, https://www.space.com/25126-big-bang-theory.html

哈伯之後

"Astro 2020: Decadal Survey on Astronomy and Astrophysics," National Academy of Sciences Web Site, https://sites.nationalacademies.org/SSB/CurrentProjects/SSB_185159

Cain, F., "What Comes After James Webb and WFIRST? Four Amazing Future Space Telescopes," *Universe Today*, June 13, 2018, https://www.universetoday.com/139461/what-comes-after-james-webb-and-wfirst-four-amazing-future-space-telescopes

"James Webb Space Telescope," NASA Web site, https://www.jwst.nasa.gov

List of Proposed Space Observatories: https://en.wikipedia.org/wiki/List_of_proposed_space_observatories

第一次維護任務的太空人慢慢接近哈伯時，從奮進號太空梭的機艙裡拍下這張壯觀的照片，下方地面是西澳大利亞。在這趟 1993 年 12 月的任務中，太空人在太空中捉住哈伯，為它安裝矯正光學儀器，使哈伯恢復了完美的視力（見第 39 頁）。

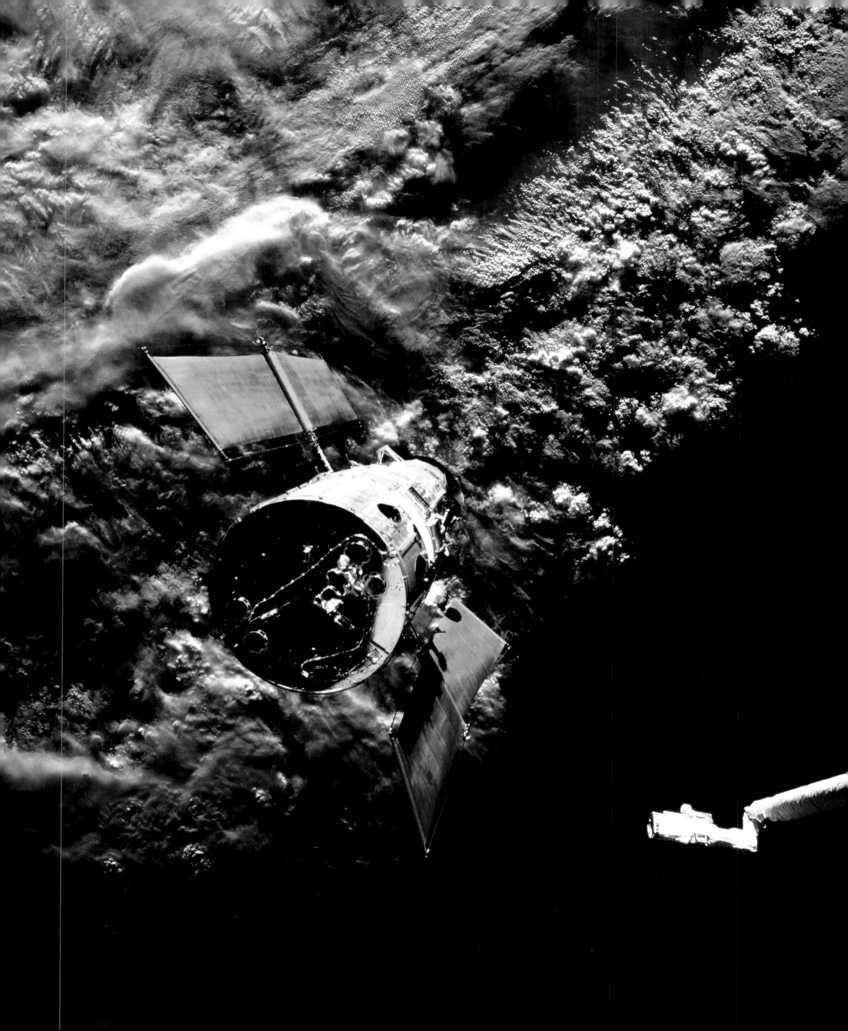

索引

這張哈伯 ACS 拼接照片顯示仙女座星系（M31）的局部，這是離我們銀河系最近的螺旋星系，距離大約 200 萬光年。這個畫面包含了超過 1 億顆恆星，和數以千計的星團，跨距超過 4 萬光年，從左邊明亮黃色、充滿年老恆星的星系中心，一直到右邊由塵埃構成的旋臂，旋臂上的藍色區塊是新的恆星形成區。

謝誌

哈伯太空望遠鏡令人難以置信的影像和發現，如果沒有數以萬計的人，數十年來毫不懈怠的提倡、設計、建造、運作、維護和分析資料（這些是任何這樣的大型科學計畫所必需的），就永遠不可能實現。我深深感激在 1990 年至 2009 年的五次太空梭任務期間，冒著生命危險部署、維護哈伯望遠鏡的太空人，這些英勇的探險家在哈伯的前 20 年，解決了望遠鏡的聚焦問題，並升級了相機和其他儀器和系統，使它得以在至少接下來的十年（希望能持續更久）有更多的新發現。而作為一名哈伯的觀測員，我也感謝 STScI 的工作人員在技術上和工作上的專業，幫助我們規畫複雜的觀測行程，讓望遠鏡可以有效地利用每一分鐘的寶貴觀測時間。我還要感謝 Sterling 出版社的編輯約翰·梅爾斯（John Meils）對這本書的信任，感謝 Sterling 團隊的其他成員，包括凱文·烏里奇（Kevin Ullrich）、麥可·塞亞（Michael Cea）和史考特·拉索（Scott Russo）。另外也非常感謝麥可·布瑞特（Michael Bourret），他是我在 Dystel, Goderich, & Bourret 出版社的著作經紀人，多年來一直支持我的寫作工作。最後，特別要向我最重要的導星喬丹娜·布萊克斯堡（Jordana Blacksberg）表達我的感激與愛，謝謝她堅定不移的耐心、支持和智慧，在我多次的太空攝影之旅中陪伴著我。

吉姆·貝爾
於美國亞利桑那州梅薩
2019 年 5 月

哈伯的 ACS 在 2004 年 11 月拍下老鷹星雲（M16）這個巨大、洶湧的低溫氣體塵埃柱。星雲內形成的熾熱年輕恆星正在侵蝕這團充滿氫氣的巨大雲氣，因而創造出這個複雜而美麗的結構。這個區域長度約 10 光年，相當於太陽到離我們最近恆星距離的兩倍多。

圖片來源

ALMA/Hyosun Kim: 78

Ken Crawford Rancho Del Sol Observatory: 131 (inset)

EHT Collaboration: 136

ESA: D. Ducros 188—189, Hubble 10—11, M. Kornmesser 191

Getty Images: Corbis 5 (top)

Lockheed Missiles and Space Company: 12—13 (bottom)

NASA: i, ix, xii, xv, xvi, 3, 15, 16 (inset), 18—19, 20, 24—25, 28, 31, 35, 182 (bottom), Dana Berry 47, ESA 6—7, 14, 17, 21, 22, 40—41, 84--85, 101, 102—103, 126, 196—197, ESA (ASU) vxiii, ESA, and J. Anderson and R. van der Marel 92—93, ESA, S. Beckwith and the Hubble Heritage Team 148—149, ESA. N. Benitez/JHU, T. Broadhurst/The Hebrew U, H. Ford/JHU, M. Clampin, G. Hartig, G. Illingworth /UCO, Lick Observatory, the ACS Science Team and ESA 168—169, ESA and M. Buie/SW Research Institute 61, ESA, Chris Burrow, Space Telescope Science Institue, J. Krist and IDT Team 46, ESA, J. Clarke/Boston U and Z. Levay 55, ESA and John T. Clarke/U of Michigan 50, ESA, CXC, and JPL Caltech iix—ix, ESA, CXC, NRAO/AUI/NSF, and G. Ogrean/Stanford U 187, SA, CXC and the University of Potsdam, JPL-Caltech 144, ESA,J. Dalcanton/U of Washington, B. F. Williams U of Washington,, L. C. Johnson U of Washington, the PHAT team, and R. Gendle 200—201, ESA, D. Ehrenreich/Institut de Planétologie et d'Astrophysique de Grenoble/CNRS/Université Joseph Fourier 63, ESA/Hubble and H. Olofsson/Onsala Space Observatory 83, ESA H. Ford/JHU, G. Illingworth/UCSC/LO, M.Clampin, G. Hartig and the ACS Science Team 139, ESA/Hubble, Karl Stapelfeldt, B. Stecklum and A. Choudhary/Thüringer Landessternwarte Tautenburg, Germany 91, ESA and Hubble 98—99, 125, 151, 165, 170 (inset), 172, 173, ESA and The Hubble Heritage Team ii—iii, 36—37, 77, 94—95, 96—97, 100—101, 105, 108, 112, 123—124, 129, 130—131, 132—133, 137, 141, 143, 146—147, 155, 160—161, 162—163, 204, ESA, the Hubble Heritage Team and R. Gendler 134—135, ESA/Hubble, M. Kornmesser 170—171, ESA and The Hubble 20th Anniversary Team 34, ESA, and the Hubble Heritage/Hubble Collaboration 80—81, 156—157, 158—159, ESA/Hubble, HST Frontier Fields 166—167, ESA, The Hubble Heritage Team, A. Nota and The Westerlund 2 Science Team 72—73, ESA/Hubble, A. Filippenko, R. Jansen vi—vii, ESA, and the Hubble SM4 ERO Team 179, ESA, M.J. Jee and H. Ford/Johns Hopkin 175,

ESA, D. Jewitt/UC LA, J. Agarwal/Max Planck Institute for Solar System Research, H. Weaver/Johns Hopkins U, M. Mutchler, and S. Larson/U of Arizona 67, ESA, J. Mack, and J. Madrid 176—177, ESA and A. Nota 206, ESA and U of MA/JPL, and Spitzer Science Center/Caltech 26—27, ESA and R. Sahai 79, ESA, R Sahai and John Trauger/JPL, the WFPC2 science team, 107, ESA and P. Kalas/UC Berkeley 65, ESA, and R. Kirshner/Harvard-Smithsonian Center for Astrophysics/ 86—87, ESA and Jesús Maíz Apellániz/Instituto de Astrofísica de Andalucía, Spain 88—89, ESA, C.R. O'Dell/Vanderbilt U, M. Meixner and P. McCullough 115, ESA, J. Richard (Center for Astronomical Research/Observatory of Lyon, France), and J.-P. Kneib (Astrophysical Lab of Marseille, France) 181, ESA, M. Robberto/Space Telescope Science Institute, and the Hubble Space Telescope Orion Treasury Project Team 116, ESA, A. Simon, M. Wong/UC Berkeley, and G. Orton/JPL-Caltech 68, ESA, A. Simon/Goddard Space Flight Center and M.H. Wong and A. Hsu Berkeley 71, ESA, N. Smith/UC Berkeley and The Hubble Heritage Team (Hubble Image) an d N. Smith/UC Berkely and NOAO/AURA/NSF (CTIO Image) 119, 120—121, ESA, H. Teplitz, M. Rafelsk/(IPAC/Caltech, A. Koekemoer R. Windhorst/Arizona State U and Z. Levay 182 (top), ESA, N. Smith/U of Arizona, and J. Morse/BoldlyGo Institute, NY 76, ESA, N. Tanvir U of Leicester, A. Fruchter, and A. Levan U of Warwick 184, 185, ESA, U of Colorado, Cornell, Space Science Institute 52, ESA, H. Weaver, M. Mutchler and Z. Levay 58, ESA, H. Weaver, A. Stern and the HST Pluto Companion Search Team 56, H. Hammel and MIT 43, Andrew Fruchter and the ERO Team111, Goddard Space Flight Center/CI Lab 192, 194, Goddard Space Flight Center/CI Lab/Adriana Manrique 193, The Hubble Heritage Team 152—153, Johns Hopkins U Applied Physics Lab/SW Research Institute/Alex Park 60, JPL 45, 49, JPL/Caltech viii-ix, 194, Johnson Space Center iv—v, 199, Marshall Space Flight Center Collection 5 (bottom), Jack Pfaller xvii, Desiree Stover 190, H. Weaver, HST Comet Hyakutake Observing Team 38—39

© Chris Schur: 44

The U.S. National Archives: 32—33

Courtesy Wikimedia Commons: Andrew Buck 13 (top)

第 224 頁： 這是哈伯 ACS 於 2005 年拍攝的 NGC 346 假色照片。這個星雲是孕育恆星的分子雲，位於小麥哲倫星系（這是一個矮星系，也是銀河系的衛星星系），距離我們約 21 萬光年。有一團明亮、熾熱、充滿活力的新生恆星深埋在星雲的發光雲氣和塵埃暗帶裡，這些恆星正在使周圍的物質游離並雕鑿周邊的形態。